21世纪高等教育计算机规划教材

COMPUTER

电气工程 CAD 实用教程

A Practical Guide for Electrical
Engineering CAD

■ 王素珍　主编

■ 董倩 韩冬 单鸿涛　副主编

U0277930

人民邮电出版社

北　京

图书在版编目（CIP）数据

电气工程CAD实用教程 / 王素珍主编. -- 北京：人
民邮电出版社，2012.10
21世纪高等教育计算机规划教材
ISBN 978-7-115-29163-9

Ⅰ. ①电… Ⅱ. ①王… Ⅲ. ①电工技术－计算机辅助
设计－AutoCAD软件－高等学校－教材 Ⅳ. ①TM02-39

中国版本图书馆CIP数据核字(2012)第209203号

内 容 提 要

本书结合具体实例详细讲解了 AutoCAD 的基础知识及其在电气制图中的实际应用，重点培养读者利用 AutoCAD 绘制电气图的技能，提高读者独立分析问题和解决问题的能力。

全书共 11 章，主要内容包括电气工程制图基础，AutoCAD 基本操作及绘图环境，二维图形的绘制及编辑，文字、表格及尺寸标注的样式设置与编辑，图形的布局与打印，建筑电气平面图的绘制，建筑电气系统图的绘制，工业控制电气图的绘制，发电工程与变电工程电气图的绘制等。

本书内容系统、层次清晰、实用性强，可作为自动化、电气工程、建筑电气以及电力工程等大中专院校相关专业的教材用书，也可用作 AutoCAD 电气绘图培训班的教材，同时也非常适合用作电气工程技术人员、高校师生及计算机爱好者的自学用书。

♦ 主　　编　王素珍

♦ 副 主 编　董　倩　韩　冬　单鸿涛

　　责任编辑　董　楠

♦ 人民邮电出版社出版发行　　北京市丰台区成寿寺路 11 号
　　邮编　100164　　电子邮件　315@ptpress.com.cn
　　网址　http://www.ptpress.com.cn
　　大厂回族自治县聚鑫印刷有限责任公司印刷

♦ 开本：787×1092　　1/16
　　印张：17.25　　　　　　　2012 年 10 月第 1 版
　　字数：421 千字　　　　　2024 年 8 月河北第 25 次印刷

ISBN 978-7-115-29163-9

定价：35.00 元

读者服务热线：(010)81055256　印装质量热线：(010)81055316
反盗版热线：(010)81055315

前言

AutoCAD 是美国 Autodesk 公司研发的一款优秀的计算机辅助设计及绘图软件，已广泛应用于航空航天、造船、建筑、机械、电子、化工、美工及轻纺等领域。

近年来，随着我国经济的迅猛发展，市场上急需大量的懂技术、懂设计、懂软件、会操作的应用型高技能人才。本书是基于大中专院校开设相关课程的教学需求和社会上对 AutoCAD 应用人才的需求而编写的，主要面向自动化、电气工程、建筑电气以及电力工程等相关专业。

全书按照"基础—提高—巩固应用—实例应用拓展"的结构体系进行编排，从基础入手，以实用性强、针对性强的实例为引导，循序渐进地介绍了 AutoCAD 2010 在电气工程制图方面的使用方法及使用其设计产品的过程与技巧。本书每章都附有实践性较强的综合性习题，供学生上机操作时使用，以帮助学生进一步巩固所学知识。

本书突出实用性，注重培养学生的实践能力，具有以下特色。

（1）在充分考虑课程教学内容及特点的基础上，严格组织了本书的内容及编排方式，既讲解了 AutoCAD 的基础理论知识，又提供了丰富的绘图练习，便于教师采取"边讲边练"的教学方式。

（2）在内容的组织上突出了易懂、实用的原则，精心选取了 AutoCAD 的常用功能以及与电气工程绘图密切相关的知识构成全书的主要内容。

（3）以绘图实例贯穿全书，将理论知识应用于实践，使学生在实际绘图过程中更轻松地掌握理论知识，提高绘图技能。

（4）本书的第 7 章至第 11 章，主要以自动化、电气工程、建筑电气以及电力工程等方面的综合性电气图为例，详细讲解了用 AutoCAD 绘制电气工程图的方法。通过这部分内容的学习，学生可以更好地掌握使用 AutoCAD 绘制电气图的绘制思路与方法技巧，从而提高解决实际问题的能力。

本书参考学时为 64 学时，各章的教学课时可参考下面的学时分配表。

章节	课程内容	学时	
		讲授	实训
第 1 章	电气工程制图基础	1	1
第 2 章	AutoCAD2010 基本操作及绘图环境	1	2
第 3 章	简单二维图形的绘制	3	4
第 4 章	二维图形的编辑	2	4
第 5 章	文字、表格及尺寸标注	2	2
第 6 章	图形的布局与打印	1	1
第 7 章	建筑电气平面图设计	4	4
第 8 章	建筑电气系统图绘制	4	4
第 9 章	工业控制电气图绘制	4	4
第 10 章	发电工程电气图绘制	4	4
第 11 章	变电工程电气图设计	4	4
学时总计		30	34

本书所附相关素材请到人民邮电出版社教学服务与资源网（www.ptpedu.com.cn）上免费下载，书中用到的 ".dwg"图形文件及习题答案都按章收录在素材的 "dwg\第×章" 文件夹下，任课教师可以调用和参考这些图形文件。

本书由王素珍任主编，董倩、韩冬、单鸿涛（上海工程技术大学）任副主编。参加本书编写工作的还有沈精虎、黄业清、宋一兵、谭雪松、冯辉、郭英文、计晓明、董彩霞、滕玲、管振起、杨文超等。由于作者水平有限，书中难免存在疏漏之处，敬请读者批评指正。

编者

2012 年 6 月

目 录

第1章
电气工程制图基础

【学习目标】

- 了解电气工程图的基本分类。
- 掌握电气 CAD 制图规范。
- 掌握电气图的基本表示方法。
- 掌握电气图中连接线的表示方法。
- 掌握电气符号的构成、尺寸与取向。

　　AutoCAD 在电气制图中的应用越来越普遍，本章将系统介绍电气工程制图中的有关基础知识，主要包括电气工程图的分类及特点、电气工程 CAD 制图规范、电气图基本表示方法、电气图中连接线的表示方法以及电气符号的构成与分类。

1.1　常用电气工程图分类

　　电气工程图是用图形符号、简化外形的电气设备、线框等表示系统中各组成部分之间相互关系的技术文件，它能具体反映电气工程的构成和功能，能描述电气装置的工作原理，并提供安装和使用维护的相关信息，可辅助电气工程研究并指导电气工程施工等。常用电气工程图分类具体如下。

1.1.1　电气系统图或框图

　　电气系统图或框图主要是用符号或带注释的框概略地表示系统、分系统、成套装置或设备等的基本组成、相互关系及其主要特征。图 1-1 所示为某停车场监控管理电气系统图，车辆进入停车场，通过 IC 卡或 ID 卡设备收费，地感线圈感知到车辆已经进入感应区，由主控器启动闸刀开关，开启闸道，由另一侧的地感线圈感知到车辆已经顺利通过闸道区域，给出闭合闸道，完成停车过程。出口过程与停车入口过程基本类似。

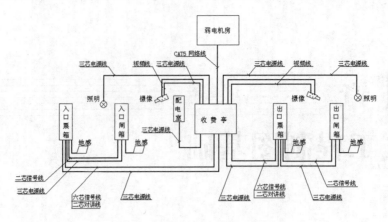

图 1-1   停车场监控管理电气系统图

1.1.2   电路原理图

电路原理图是指用于表示系统、分系统、装置、部件、设备、软件等实际电路原理的简图，采用按功能排列的图形符号来表示各元件和连接关系，以表示其功能而不需考虑其实体尺寸、形状或位置。图 1-2 所示为消防用水异步电动机主控制电路图，电源通过断路器 QF 到达接触器，下端由软启动器连接热继电器到达电动机，其软启动器上下两端分别接有接触器，当不需要软启动器时，接触器优先对应继电器使其闭合，并隔离软启动器实现控制。

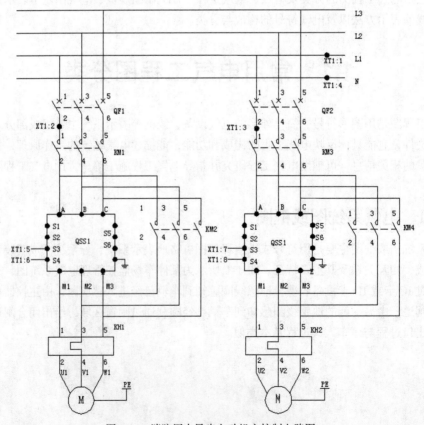

图 1-2   消防用水异步电动机主控制电路图

1.1.3　电气接线图

电气接线图是表示或列出一组装置或设备的连接关系的简图。图 1-3 所示为某变电站的电气主接线图，35kV 进线通过两个隔离开关、一个断路器进入星三角变压器，再经电抗器分配到各支路中。

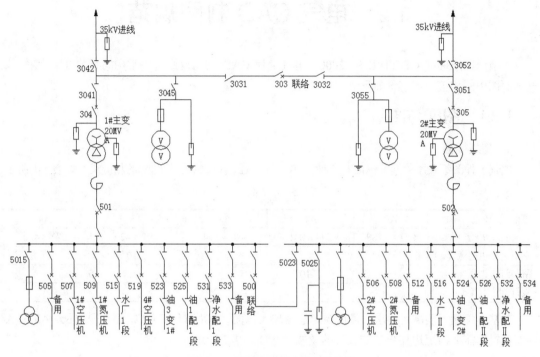

图 1-3　某变电站的电气主接线图

1.1.4　电气平面图

电气平面图一般在建筑平面图的基础上绘制，用于表示某一电气工程中电气设备、装置和线路的平面布置状况。图 1-4 所示为某变电所平面图，标明了变电设备的相对位置关系。

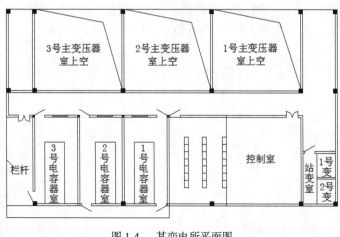

图 1-4　某变电所平面图

1.1.5　设备元件和材料表

设备元件和材料表是把电气工程中所需的主要设备、元件、材料及有关的数据均以表格的形式列出来，具体标明设备、元件、材料等的名称、符号、型号、规格、数量等。

1.2　电气 CAD 制图规范

本节以国家标准 GB/T18135—2000《电气工程 CAD 制图规则》中常用的有关规定为准，对电气制图中的相关规定解释如下。

1.2.1　图纸与图幅

1. 图纸幅面

电气工程图纸采用的基本幅面有 5 种：A0、A1、A2、A3、A4，各图幅的相应尺寸如表 1-1 所示。

表 1-1　　　　　　　　　　　　　　基本幅面尺寸

幅面代号	A0	A1	A2	A3	A4
宽×长（$B \times L$）	841×1189	594×841	420×594	297×420	297×420
不留装订边边宽（e）	20			10	
留装订边边宽（c）	10			5	
装订侧边宽（a）	25				

若基本幅面不能满足要求，可按规定适当加大幅面，A0、A1 和 A2 幅面不得加长，A3 和 A4 幅面可根据需要沿短边加长，加长后的图幅尺寸如表 1-2 所示。

表 1-2　　　　　　　　　　　　　　加长号图幅尺寸

代号	尺寸	代号	尺寸
A3×3	420×891	A4×4	297×841
A3×4	420×1189	A4×5	297×1051
A4×3	297×630		

2. 图框

根据布局的需要，可选择图纸横放或竖放，图纸四周要画出图框以留出周边。图框可以留有装订边，也可以不留，分别如图 1-5 和图 1-6 所示，尺寸如表 1-1 所示。

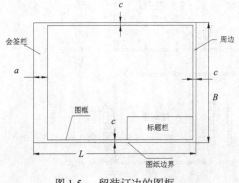

图 1-5　留装订边的图框

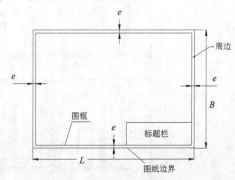

图 1-6　不留装订边的图框

3. 标题栏

标题栏是用于确定图样的名称、图号、张次、更改、有关人员签署等内容的栏目，位于图样的下方或右下方。图中的说明、符号应以标题栏的文字方向为准。

目前我国尚没有统一规定标题栏的格式，各设计部门的标题栏格式也不尽相同。本章给出了两种比较常用的标题栏格式，分别如图 1-7 和图 1-8 所示。

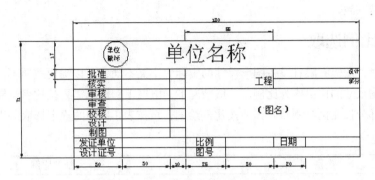

图 1-7　设计通用标题栏（A0 和 A1 幅面）

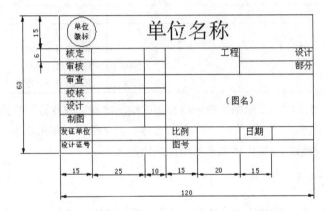

图 1-8　常用的标题栏格式（A2、A3 和 A4 幅面）

1.2.2　图线设置

1. 图线型式

图线是绘制电气图所用的各种线条的统称。电气制图中的常用线型如表 1-3 所示。

表 1-3　　　　　　　　　　　　　　　图线型式与应用

图线名称	图线型式	图线名称	图线型式
粗实线	▬▬▬▬▬	点画线	━ ━ ━ ━ ━
细实线	————	点画线 双点画线	━━━━━
虚线	·————	双点画线	━━━━━

通常，电源主电路、一次电路、主信号通路等采用粗线，控制回路、二次回路等采用细线表示。

2. 图线的宽度

绘图所用的线宽均应按照图样的类型和尺寸大小而定，一般在 0.25mm、0.35mm、0.5mm、0.7mm、1mm、1.4mm 和 2mm 中选择。

电气工程图样的图线宽度一般有两种：粗线和细线，其宽度一般取 2:1。通常情况下，粗线的宽度采用 0.5mm 或 0.7mm，细线的宽度采用 0.25mm 或 0.35mm。且同一图样中，同类线型的宽度应基本保持一致。

1.2.3　比例选取

实际绘图时，图幅有限且设备图形尺寸的实际大小又不同，所以需要按照不同的比例绘制图形。图形与实物尺寸的比值称为比例。一般情况下，电气工程图不需要按比例绘制，某些位置图按比例绘制或部分按比例绘制。若需要按比例绘图，可按表 1-4 中的规定选取适当的比例。

表 1-4　　　　　　　　　　　　　　　　比例

类别	推荐比例		
放大比例	50：1		
	5：1		
原尺寸	1：1		
缩小比例	1：2	1：5	1：10
	1：20	1：50	1：100
	1：200	1：500	1：1000
	1：2000	1：5000	1：10000

同一张图样上的各个图形，原则上应采取相同的绘图比例，并在标题栏内的"比例"一栏中进行填写，比例符号用"："表示，如 1：1 或 1：5 等。当某个图形需采用不同比例绘制时，可在视图名称的下方以分数形式标注出该图形所采用的比例。

1.2.4　字体字号

电气图中的文字一般采用仿宋体或宋体，字母或数字可以是正体也可以是斜体，文字高度一般为 2.5、3.5、7、10、14、20 等，也可按实际绘图需要自由调整。

1.3　电气图的基本表示方法

电气图的基本表示方法具体如下。

1.3.1　线路表示方法

线路的表示方法通常分为多线表示法、单线表示法和混合表示法 3 种类型。

（1）多线表示法。每根连接线或导线各用一条图线来表示的方法，即为多线表示法。图 1-9 所示为用多线表示法绘制而成的异步电动机正反转控制电路图。该图的设备简单且连接线路较少，采用多线表示方法可清晰反映电路的工作原理。但当设备复杂、连接线路多且有交叉时，采用多线方式绘制电气图，往往会因线路繁杂而影响读图，因此复杂电路不建议使用该方法。

（2）单线表示法。两根或两根以上的连接线或导线只用一条图线来表示的方法，即为单线表示法。图 1-10 所示为用单线法表示的具有正反转功能的异步电动机主电路图，这种表示法主要用于三相电路或各线基本对称的电路图。

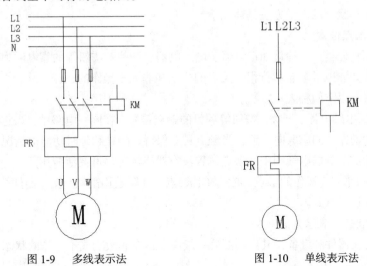

图 1-9　多线表示法　　　　　　　　图 1-10　单线表示法

（3）混合表示法。混合表示法是在电路图中将多线表示法和单线表示法混合使用的一种方法。

1.3.2　元件表示方法

常用的电气元件表示方法有集中表示法、半集中表示法和分开表示法。

（1）集中表示法。集中表示法是将元件各组成部分的图形符号绘制在一起，并用一条直线型的虚线进行相互连接的表示方式，如图 1-9 所示的继电器 KM 与接触器用虚线连接的方式。

（2）半集中表示法。将元件中功能有联系的各部分图形符号分开布置，并采用虚线将其连接的方法，即为半集中表示法。图 1-11 中的继电器 KM 分别控制系统主回路中的接触器、控制回路中的接触器。半集中表示法中的虚线可以弯折、分支和交叉。

（3）分开表示法。将元件中某些部分的图形符号分开布置，并用文字符号标注它们之间的连接关系，即为分开表示法。图 1-12 中的继电器 KM 将图 1-11 中的虚线去掉，并在接触器的相应位置添加对应的继电器编号 KM。

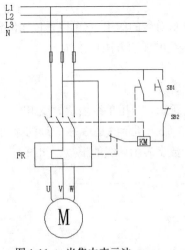　　　　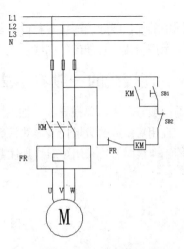

图 1-11　半集中表示法　　　　　　　　图 1-12　分开表示法

1.3.3　元件触点和工作状态表示方法

元件触点和工作状态的表示方法具体如下。

1. 电气元件触点位置

（1）触点的两种分类：一种是如接触器、电继电器、开关、按钮等的靠电磁力或人工操作的触点；另一种是诸如非电继电器和行程开关等的非电和非人工操作的触点。

（2）触点位置有以下两种表示方法。

①　接触器、电继电器、开关、按钮等项目的触点符号，在同一电路中，当它们加点和受力后，各触点符号的动作方向应取向一致，当触点具有保持、闭锁和延时功能的情况下就更需要这样。但在分开表示法绘制的电气图中，触点位置没有严格规定，可灵活应用。

②　对非电和非人工操作的触点，必须在其触点符号附近用图形、操作器件符号及注释、标记和表格来标明其运行方式。

2. 元件工作状态的表示方法

电气图中的各元器件和设备，其可动部分一般应表示在非激励或不工作的状态或位置，具体如下。

（1）断路器、负荷开关和隔离开关应表示在断开位置。

（2）温度继电器、压力继电器表示在常温和常压（一个大气压）状态。

（3）继电器和接触器应表示在非激励状态，图中的触头状态应表示在非受电下的状态。

（4）行程开关之类的机械操作开关在非工作状态或位置的情况以及机械操作开关处于工作位置的对应关系，通常要在触点符号的附近进行表示或另附说明。

（5）带零位的手动控制开关应表示在零位置，不带零位的手动控制开关应表示在图中规定的位置。

（6）事故、备用、报警等开关或继电器的触点应表示在设备正常使用的位置，若有特定位置，须在图中另加说明。

1.4　电气图连接线的表示方法

电气图中的连接线起着连接各种设备及元器件图形符号的作用，它可以是传输信息流的导线，也可以是表示逻辑流、功能流的图线。电气图中连接线的表示方法具体如下。

1.4.1　连接线的一般表示法

导线的一般符号表示单根导线，如图 1-13（a）所示。当用单线表示导线组时，可在单线上加短斜线，且用短斜线的数量代表导线根数，图 1-13（b）所示的是 3 根导线的导线组；当导线根数大于等于 4 根时，可采用短斜线加注数字表示，数字表示导线的根数，如图 1-13（c）所示。

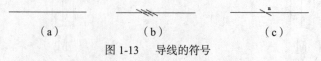

　　（a）　　　　　　　　（b）　　　　　　　　（c）

图 1-13　导线的符号

在电气图中，导线的材料、导线截面、电压、频率等特征的表示方法是：在横线上面标出电流种类、配电系统、频率和电压等,在横线下面标出电路的导线数乘以每根导线的截面积(mm²),当导线的截面不同时,可用"+"将其分开,如图 1-14(a)所示。

电气图中的导线型号、截面、安装方法等的表示,通常采用短引线加标导线属性和敷设的方法,如图 1-14(b)所示。该图表示导线的型号为 BLV(铝芯塑料绝缘线);其中 1 根截面积为 25mm²、3 根截面积为 16mm²;敷设方法为穿入塑料管(VG),塑料管管径为 40mm;WC 表示沿地板暗敷。

电气图中电路相序的变换、极性的反向、导线的交换等的表示,则采用交换号表示,如图 1-14(c)所示。

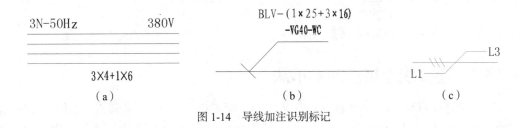

图 1-14 导线加注识别标记

1.4.2 连接线的连续表示法

两接线端子或连接点之间的导线线条是连续连接的方式,就称之为连接线的连续表示法,如图 1-15 所示。

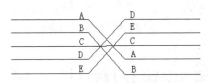

图 1-15 连接线的连续表示法

1.4.3 连接线的中断表示法

若两接线端子或连接点之间的导线线条是中断的表示方法,称为中断表示法。

在电气图中,连接线可能会穿过图中符号较密集的区域,也可能从这张图纸连到另一张图纸,或出现连接线较长的情况,这时,连接线可以中断,以使图面清晰。但应在连接线的中断处加相应的标记,标记方法有以下几种。

(1)对于同一张图,中断处的两端给出相同的标记号,并给出导线连接线去向的箭头,如图 1-16 中的 G 标记号。

(2)对于不同张的图,应在中断处采用相对标记法,即中断处标记名相同,并标注"图序号/图区位置",如图 1-16 所示,图中断点 L 标记名,在第 16 号图纸上标有"L 1/C3",它表示 L 中断处与第 1 号图纸的 C 行 3 列处的 L 断点连接;而在第 1 号图纸上标有"L 16/A4",它表示 L 中断处与第 16 号图纸的 A 行 4 列处的 L 断点相连。

(3)对于接线图,中断表示法的标注采用相对标注法,即在本元件的出线端标注出连接的对方元件的端子号,如图 1-17 所示,元件 A1 的 1 号端子与元件 B1 的 3 号端子相连接,元件 A1 的 2 号端子与元件 B1 的 4 号端子相连接,元件 A1 的 3 号端子与元件 B1 的 1 号端子相连接,元件 A1 的 4 号端子与元件 B1 的 2 号端子相连接。

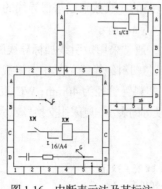

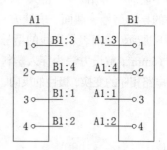

图 1-16　中断表示法及其标注　　　　图 1-17　中断表示法的相对标注

1.4.4　连接线连接点的表示法

连接线的连接点有"T"形连接点和多线的"+"形连接点。"T"形连接点一般用实心圆点作为节点，也可不加，如图 1-18（a）所示。"+"形连接点必须加实心圆点作为节点，如图 1-18（b）所示。交叉不连接的，则一定不能加实心圆点作为节点，如图 1-18（c）所示。

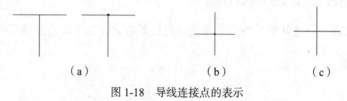

（a）　　　　　　　　　　（b）　　　　　　　　　（c）

图 1-18　导线连接点的表示

1.5　电气符号的构成、尺寸及取向

本节将详细讲解电气符号的构成、尺寸及取向。

1.5.1　电气符号的构成

电气图形符号包括一般符号、符号要素、限定符号和方框符号。

1. 一般符号

一般符号是用来表示一类产品或此类产品特征的简单符号，如电阻（见图 1-19）、开关（见图 1-20）、电容（见图 1-21）等。

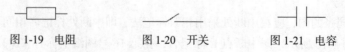

图 1-19　电阻　　　　　　　图 1-20　开关　　　　　　　图 1-21　电容

2. 符号要素

符号要素是一种具有确定意义的简单图形，必须通过与其他图形组合来构成一种设备或概念的完整符号。例如，图 1-22 所示的 LED 发光二极管，它由阴极、阳极、二极管一般符号和光线 4 个符号要素组成。不同符号要素的组合可以构成不同的符号，比如，去掉图 1-22 中的文字"LED"，然后旋转光线符号的方向，原本表示发光二极管的符号就变成光敏二极管符号，如图 1-23 所示。符号要素一般不能单独使用，必须按照一定的方式组合起来。

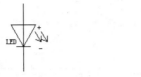

　　　图 1-22　LED 发光二极管　　　　　　　图 1-23　光敏二极管

3. 限定符号

　　限定符号是一种用来提供附加信息的加在其他符号上的符号，它通常不单独使用。一般符号加上不同的限定符号，可得到不同的专用符号。例如，在开关的一般符号上附加不同的限定符号可分别得到隔离开关、接触器、断路器、按钮开关、转换开关等。一般符号有时也可用作限定符号，例如，将电容器的一般符号加到传声器符号上，即可构成电容式传声器的符号。

4. 方框符号

　　方框符号用以表示元件、设备等的组合及功能，是一种既不给出元件、设备的细节，也不考虑所有连接的简单的图形符号。

　　方框符号在系统图和框图中使用的最多，此外，电路图中的外购件和不可修理件也可用方框符号表示。

1.5.2　电气符号的尺寸

　　符号的含义由其形状或内容确定，尺寸或线宽不影响含义。符号的最小尺寸应依据线宽、线间距、文字要求等规则确定。当放大或缩小时，符号的基本形状应保持不变。

1.5.3　电气符号的取向

　　2005《电气简图用图形符号》中的大多数电气符号是按从左到右的信号流向设计，并作为规定将这个原则应用在所有简图以及标准中优先示出的符号中。

　　在某些情况下，可以根据需要通过旋转或镜像来改变电气符号的基本取向，而不改变其含义。

　　包含文字、限定符号、图解（表）或输入输出符号的方框符号、二进制逻辑元件符号及模拟元件符号，都应按此原则取向，以便于看图时能从下向上或自右向左阅读。

小　结

　　本章系统介绍了电气工程图的种类和特点、电气工程图的相关制图标准、电气图基本表示方法以及电气图形符号的构成、尺寸与取向等。通过本章的学习，读者可以初步掌握电气绘图的相关知识，为以后的学习打下基础。

习　题

　　1. 简述常用的电气工程图分类。

　　2. 绘制电气图时，电气符号的尺寸与取向有何要求？

　　3. 绘制电气图时，其连接线有哪几种表示方法？请举实例说明。

第2章
AutoCAD 2010 基本操作及绘图环境

【学习目标】

- 熟悉 AutoCAD 2010 的用户界面构成。
- 掌握 AutoCAD 2010 的基本绘图操作。
- 掌握 AutoCAD 2010 调用命令的方法。
- 掌握选择对象的常用方法。
- 掌握快速缩放、移动图形及全部缩放的方法。
- 掌握重复命令和取消已执行操作的方法。
- 掌握图层、线型及线宽的设置方法。

2.1 了解用户界面及学习基本操作

本节将着重介绍 AutoCAD 2010 的用户界面及一些常用的基本操作。

2.1.1 AutoCAD 2010 用户界面

AutoCAD 2010 的用户界面是 AutoCAD 显示、编辑图形的区域。启动 AutoCAD 2010 后，其用户界面如图 2-1 所示，主要由快速访问工具栏、功能区、绘图窗口、命令提示窗口和状态栏等部分组成。下面将通过练习来熟悉 AutoCAD 2010 的用户界面。

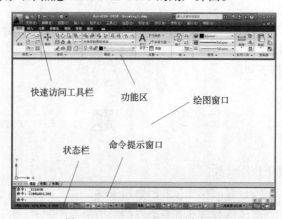

图 2-1 AutoCAD 2010 用户界面

【案例 2-1】　熟悉 AutoCAD 2010 用户界面。

（1）单击程序窗口左上角的▲图标，在弹出的下拉菜单中有【新建】、【打开】、【保存】及【打印】等常用命令。单击▣按钮，显示已打开的图形文件列表；单击▣按钮，显示最近使用的图形文件列表；单击▣▾按钮，选择【大图标】选项，则显示文件缩略图。将鼠标光标悬停在缩略图上，将显示大缩略图、文件路径以及修改日期等信息。

（2）单击快速访问工具栏上的▾按钮，选择【显示菜单栏】选项，显示 AutoCAD 2010 的菜单栏。选择菜单命令【工具】/【选项板】/【功能区】，将关闭功能区。再次选择菜单命令【工具】/【选项板】/【功能区】，又打开功能区。

（3）单击【常用】选项卡中【绘图】面板上的▾按钮，展开【绘图】面板。单击▣按钮，固定面板。

（4）选择菜单命令【工具】/【工具栏】/【AutoCAD】/【绘图】，打开【绘图】工具栏，如图 2-2 所示，用户可以移动或改变工具栏的形状。将鼠标光标移动到工具栏的边缘处，按住鼠标左键并移动鼠标光标，工具栏也将随之移动。将鼠标光标放置在拖出的工具栏边缘，当鼠标光标变成双向箭头时，按住鼠标左键并移动鼠标光标，工具栏的形状就随之发生变化。

图 2-2　打开【绘图】工具栏

（5）在功能区任一选项卡标签上单击鼠标右键，弹出快捷菜单，选择【显示选项卡】/【插入】命令，将关闭【插入】选项卡。

（6）单击功能区中的【常用】选项卡，在该选项卡的任一面板上单击鼠标右键，弹出快捷菜单，选择【显示面板】/【绘图】命令，关闭【绘图】面板。

（7）在功能区的任一选项卡中单击鼠标右键，选择【浮动】命令，则功能区的位置将变得可动。将鼠标光标放在标题栏上，按住鼠标左键并拖动鼠标光标，就可改变功能区的位置。

（8）单击功能区顶部的▾按钮，将收拢功能区，仅显示选项卡及面板的文字标签，再次单击该按钮，面板的文字标签也消失，继续单击该按钮，将展开功能区。

（9）绘图窗口是用户绘图的工作区域，该区域无限大，其左下方有一个坐标系的图标，图标中的箭头分别表示 x 轴和 y 轴的正方向。在绘图区域中移动鼠标光标，在状态栏中将显示光标点的坐标参数，单击该坐标区可改变坐标的显示方式。

（10）AutoCAD 2010 提供了两种绘图环境，即模型空间和图纸空间。单击绘图窗口下部的布局1按钮，将切换到图纸空间；单击 **模型** 按钮，将切换到模型空间。默认情况下，AutoCAD 的绘图环境是模型空间。

（11）命令提示窗口位于绘图窗口的下面，用户输入的命令、系统的提示信息等都在此窗口中反映出来。将鼠标光标放在窗口的上边缘，鼠标光标变成双向箭头，按住鼠标左键并向上拖动鼠标光标，可以增加命令窗口的显示行数。按 F2 键，将打开命令提示窗口，再次按 F2 键，将关闭此窗口。

（12）AutoCAD 2010 绘图环境的组成一般称为工作空间，单击状态栏上的 ⚙ 图标，将弹出快捷菜单，该菜单中的【二维草图与注释】选项被选中，表明现在处于"二维草图与注释"工作空间。选中该菜单上的【AutoCAD 经典】选项，就切换到默认的工作空间。

2.1.2　AutoCAD 2010 绘图的基本过程

下面将通过一个练习来演示用 AutoCAD 2010 绘图的基本过程。

【案例 2-2】　AutoCAD 2010 绘图的基本过程。

（1）启动 AutoCAD 2010。

（2）单击 图标，选择【新建】/【图形】选项（或单击快速访问工具栏上的 按钮创建新图形），打开【选择样板】对话框，如图 2-3 所示。在该对话框列出的多种样板文件中选择 AutoCAD 2010 的默认样板文件"acadiso.dwt"，再单击 打开⑩ 按钮，开始绘制新图形。

图 2-3　【选择样板】对话框

（3）打开正交模式 、捕捉对象 和极轴追踪 。

（4）单击【常用】选项卡中【绘图】面板 按钮，绘制电阻 R_1，AutoCAD 提示如下。

命令： _line 指定第一点：	//选择一定点 A
指定下一点或 [放弃(U)]：80	//向下移动鼠标光标，输入线段长度并按 Enter 键
指定下一点或 [放弃(U)]：30	//向右移动鼠标光标，输入线段长度并按 Enter 键
指定下一点或 [闭合(C)/放弃(U)]：80	
	//向上移动鼠标光标，输入线段长度并按 Enter 键
指定下一点或 [闭合(C)/放弃(U)]：30	
	//向左移动鼠标光标，输入线段长度并按 Enter 键
指定下一点或 [闭合(C)/放弃(U)]：	//按 Enter 键结束命令

结果如图 2-4 所示。

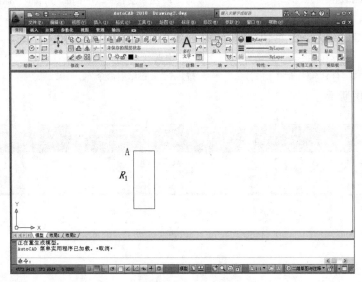

图 2-4　绘制电阻 R_1

（5）按 Enter 键重复画线命令，绘图电阻 R_2。

命令：_line 指定第一点：	//选择一定点 B
指定下一点或 [放弃(U)]：30	//向下移动鼠标光标，输入线段长度并按 Enter 键
指定下一点或 [放弃(U)]：80	//向右移动鼠标光标，输入线段长度并按 Enter 键
指定下一点或 [闭合(C)/放弃(U)]：30	//向上移动鼠标光标，输入线段长度并按 Enter 键
指定下一点或 [闭合(C)/放弃(U)]：80	//向左移动鼠标光标，输入线段长度并按 Enter 键
指定下一点或 [闭合(C)/放弃(U)]：	//按 Enter 键结束命令

结果如图 2-5 所示。

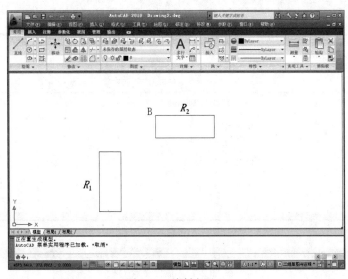

图 2-5　绘制电阻 R_2

（6）按 Enter 键重复画线命令，绘制 R_1 和 R_2 连接线。

命令：_line 指定第一点：　　　　　　　　//捕捉 R_2 左侧边中点 C 并单击，完成 C 点捕捉

指定下一点或 [放弃(U)]：　　　　　　　//捕捉 R_1 的顶边中点 D 点，如图 2-6 所示，并垂直

//向上拉至与水平虚线交点处，单击鼠标光标，完成水平连接线的绘制，如图 2-7 所示

指定下一点或 [放弃(U)]：　　　　　　　//单击中点 D

指定下一点或 [闭合(C)/放弃(U)]：　　　//按 enter 键结束命令

结果如 2-8 图所示。

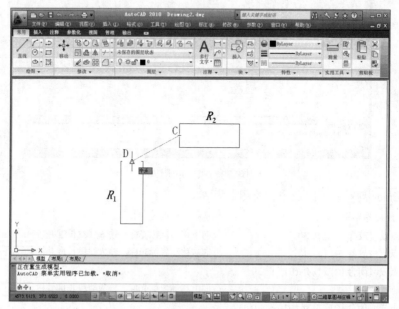

图 2-6　捕捉 R_2 顶边中点 C

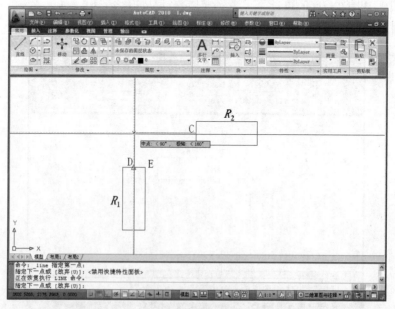

图 2-7　捕捉交点

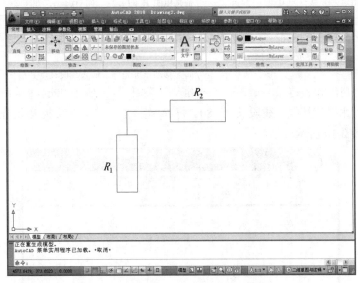

图 2-8　连接完成

（7）按 Enter 键重复画线命令，绘图电阻 R_1 下端的延长线。

命令：_line 指定第一点：　　　　　　　　　　　//捕捉电阻 R_1 底边中点

　　　指定下一点或 [放弃(U)]:200　　　　　　　//向下移动鼠标光标，输入线段长度并按 Enter 键

　　　指定下一点或 [放弃(U)]:　　　　　　　　//按 Enter 键结束命令

（8）绘制 5V 电压源。在命令行处输入画圆命令全称 CIRCLE，AutoCAD 提示如下。

命令：CIRCLE　　　　　　　　　　　　　　//输入 CIRCLE 命令，按 Enter 键确认

指定圆的圆心或 [三点(3P)/两点(2P)/切点、切点、半径(T)]:

　　　　　　　　　　　　　　　　　　//捕捉 R_1 下端延长线的中点为圆心，单击鼠标左键确认

指定圆的半径或 [直径(D)] <131.2790>: 40　　//输入圆半径，按 Enter 键确认

结果如图 2-9 所示。

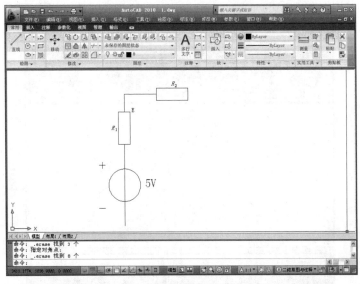

图 2-9　绘制 5V 电压源

（9）绘制电阻 R_3，单击【常用】选项卡中【绘图】面板上的 ✏ 按钮，AutoCAD 提示如下。

命令:_line 指定第一点：200   //捕捉电阻 R_1 的 E 点，向右追踪，如图 2-9 所示
指定下一点或 [放弃(U)]：80   //向下移动鼠标光标，输入线段长度并按 Enter 键
指定下一点或 [放弃(U)]：30   //向右移动鼠标光标，输入线段长度并按 Enter 键
指定下一点或 [闭合(C)/放弃(U)]：80

                                           //向上移动鼠标光标，输入线段长度并按 Enter 键
指定下一点或 [闭合(C)/放弃(U)]：c   //输入 "c" 按 Enter 键，完成电阻 R_3 绘制

（10）绘制 R_2 水平连接线，线段长度 180，将 R_3 连接上，并向下绘制 R_3 的连接线，线段长度为 200，结果如图 2-10 所示。

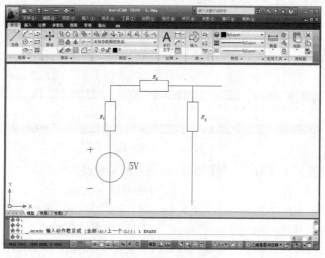

图 2-10   绘制连接线

（11）绘制 8V 电压源。单击【绘图】工具栏中的 ⊘ 按钮，AutoCAD 提示如下。

命令：_circle
指定圆的圆心或 [三点(3P)/两点(2P)/切点、切点、半径(T)]：
        //捕捉 5V 电压源的圆心，向右移动鼠标光标，输入 200，按 Enter 键，获得圆心位置
指定圆的半径或 [直径(D)] <100.0000>：40   //输入圆的半径，按 Enter 键
结果如图 2-11 所示。

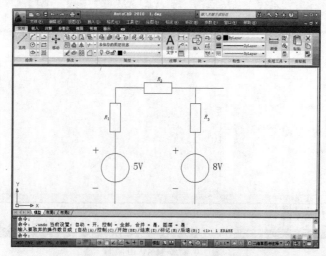

图 2-11   绘制 8V 电压表

（12）将两电压源下端连接，结果如图 2-12 所示。

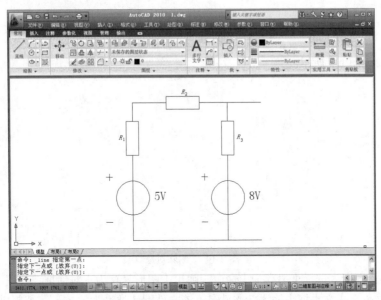

图 2-12　连接完成

（13）单击【视图】选项卡中【导航】面板上的 按钮，鼠标光标变成手的形状 ，按住鼠标左键并拖动鼠标光标，可以移动图形，按 Esc 键或 Enter 键退出。

（14）单击【视图】选项卡中【导航】面板上的 按钮，图形在窗口中满屏显示。若单击程序窗口下面的 按钮，鼠标光标变成放大镜形状，此时按住鼠标左键向下拖动鼠标光标，图形缩小，如图 2-13 所示，按 Esc 或 Enter 键退出，也可单击鼠标右键，在弹出的快捷菜单中选择【退出】选项。

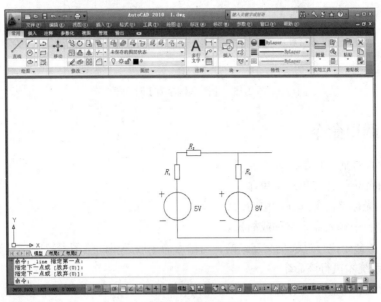

图 2-13　缩小图形

（15）单击鼠标右键，选择【平移】命令，再单击鼠标右键，选择【窗口缩放】命令。按住鼠标左键并拖动鼠标光标，使矩形框包含图形的一部分，松开鼠标左键，矩形框内的图形被放大。继续单击鼠标右键，选择【缩放为原窗口】命令，则又返回原来的显示。

（16）单击【常用】选项卡中【修改】面板上的 ✎ 按钮，AutoCAD 提示如下。

命令：_erase
选择对象：找到 1 个　　　　　　　　　　//点击选中 8V 电压源，如图 2-14（a）所示
选择对象：　　　　　　　　　　　　　　//按 Enter 键删除 8V 电压源

结果如图 2-14（b）所示。

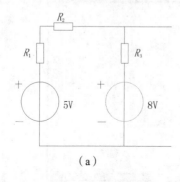
（a）

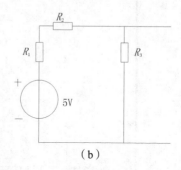
（b）

图 2-14　删除对象

（17）单击 图标，选择【另存为】命令，弹出【图形另存为】对话框，如图 2-15 所示。在该对话框的【文件名】文本框中输入新文件名。该文件默认类型为 "dwg"，若想更改文件存储的类型，可在【文件类型】下拉列表中选择其他类型。

图 2-15　【图形另存为】对话框

2.1.3　调用命令

AutoCAD 启动命令的方法如下。
- 用鼠标光标选择并单击菜单命令。
- 用鼠标光标单击各选项卡中的命令按钮。
- 在命令行中输入命令全称或简称。

AutoCAD 的命令执行过程是交互式的，当输入命令或必要的绘图参数后，需要按 Enter 键或空格键确认，系统才执行该命令。

对于圆的绘制，其命令执行过程如下。

命令：CIRCLE　　　　　　　　　　　　//输入 CIRCLE 命令，按 Enter 键确认
指定圆的圆心或 [三点(3P)/两点(2P)/切点、切点、半径(T)]：
　　　　　　　　　　　　　　　　　　//输入圆心的 x、y 坐标，按 Enter 键
指定圆的半径或 [直径(D)] <131.2790>：80　　//输入圆半径，按 Enter 键确认

（1）方括号"[ ]"中以"/"隔开的内容表示各个选项。若要选择某个选项，需要输入圆括号中的字母，字母可以是大写形式，也可以是小写形式。

（2）尖括号"< >"中的内容是当前默认值。

2.1.4 选择对象的常用方法

用户在使用编辑命令时，需要对多个对象进行选择。默认情况下，用户可以逐个地拾取对象或者利用矩形窗口、交叉窗口一次选取多个对象。

1. 用矩形窗口选择对象

当系统选择需要编辑的对象时，用户在图形元素的左下角单击一点，然后向右上方拖动鼠标光标，AutoCAD 将显示一个实线矩形窗口，让此窗口完全包含要编辑的图形实体，则矩形窗口中的所有对象被选中，被选中的对象将以虚线形式表示出来。

下面通过删除命令来演示这种选择方法。

【案例 2-3】 用矩形窗口选择对象。

打开素材文件"dwg\第 2 章\2-3.dwg"，如图 2-16（a）所示，使用 ERASE 命令将图（a）修改为图（c）。

```
命令：_erase
选择对象：                           //在 A 点处单击一点，如图 2-16（b）所示
指定对角点：找到 26 个                //拖动鼠标光标至 B 点后单击
选择对象：                           //按 Enter 键结束
```

结果如图 2-16 图（c）所示。

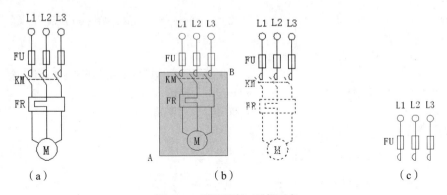

| （a） | （b） | （c） |

图 2-16 用矩形窗口选择对象

2. 用交叉窗口选择对象

当 AutoCAD 需要选择对象时，在要编辑的图形元素右上角或右下角单击一点，然后向左拖动鼠标光标，此时会出现一个虚线矩形框，使该矩形框包含被编辑对象的一部分，而让其余部分与矩形框边相交，再单击一点，则框内的对象和与框边相交的对象全部被选中。

下面通过删除命令来演示这种选择方法。

【案例 2-4】 用交叉窗口选择对象。

打开素材文件"dwg\第 2 章\2-4.dwg"，如图 2-17（a）所示，使用 ERASE 命令将图（a）修改为图（c）。

```
命令：_erase
选择对象：                           //在 A 点处单击一点，如图 2-17（b）所示
```

指定对角点：找到 25 个	//拖动鼠标至 B 点后单击
选择对象：	//按 Enter 键结束

结果如图 2-17（c）所示。

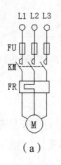
（a）

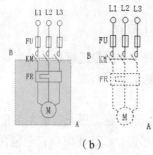
（b）

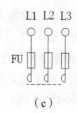
（c）

图 2-17　用交叉窗口选择对象

3. 向选择集添加或从中删除对象

在编辑过程中，用户构造选择集常常不能一次完成，需向选择集添加或删除对象。当添加对象时，可以直接选取对象或者利用矩形窗口、交叉窗口选择要加入的图形元素；当删除对象时，可以先按住 Shift 键，再从选择集中选择要删除的多个图形元素。

下面通过 ERASE 命令来演示添加或删除选择集的方法。

【案例 2-5】 添加或删除选择集。

打开素材文件"dwg\第 2 章\2-5.dwg"，如图 2-18（a）所示，使用 ERASE 命令将图（a）修改为图（c）。

命令：_erase	
选择对象：	//在 C 点处单击一点，如图 2-18（b）所示
指定对角点：找到 16 个	//在 D 点处单击一点
选择对象：找到 2 个，删除 2 个，总计 14 个	
	//按住 Shift 键，选取 FU，该矩形从选择集中去除
选择对象:找到 7 个，总计 21 个	//松开 Shift 键，选择灯泡 L
选择对象：	//按住 Enter 键结束

结果如图 2-18（c）所示。

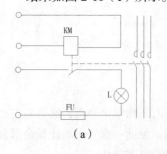
（a）

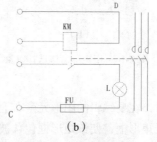
（b）

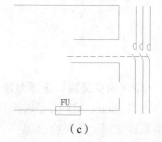
（c）

图 2-18　修改选择集

2.1.5　撤销和重复命令

在命令执行的任何时刻都可以取消和终止命令的执行。

当用户在执行某个命令时，可以随时按 Esc 键终止该命令，此时系统返回到命令行。

在绘图过程中，用户会经常重复使用某个命令，重复刚使用过的命令的方法是直接按 Enter 键，不管上一个命令是完成了还是被取消了。

2.1.6　删除对象

系统需要删除一个对象时，可以使用 ERASE 命令来删除图形对象。用户可以用鼠标光标先选择该对象，然后单击【常用】选项卡中【修改】面板上的 ✎ 按钮，或者在命令提示行中直接输入命令 ERASE（命令简称 E）；也可以先执行删除命令，然后再选择要删除的对象。

2.1.7　按键定义

在 AutoCAD 2010 中，除了可以通过在命令行输入命令、单击工具按钮、选择菜单命令进行操作外，还可以使用键盘上的一组功能键或快捷键实现某些功能。

系统使用 AutoCAD 传统标准或 Microsoft Windows 标准解释快捷键。有些功能键或快捷键在 AutoCAD 的菜单中已经指出，这些只要用户在使用的过程中多加留意，就会熟练掌握。快捷键的定义见菜单命令后面的说明，如"粘贴（P）<Ctrl>+<V>"。

2.1.8　取消已执行的操作

用 AutoCAD 绘图时，常会出现各种各样的错误，要修改这些错误，可使用 UNDO 命令或单击快速访问工具栏中的 ⬅ 按钮。如果要取消前面执行的多个操作，可以反复使用 UNDO 命令或反复单击 ⬅ 按钮。

当取消一个或多个操作时，若又想恢复以前的结果，则可以使用 MREDO 命令或单击快速访问工具栏中的 ➡ 按钮。

2.1.9　快速缩放及移动图形

对于一个较为复杂的图形来说，在观察整幅图形时往往无法对其局部细节进行查看和操作，而当在屏幕上显示一个细部时又看不到其他部分。为了解决这类问题，AutoCAD 提供了缩放和平移命令。用户可以通过【视图】选项卡中【导航】面板上的 ⬚、🔍 按钮来实现这两项功能，也可以单击鼠标右键，在弹出的快捷菜单中选择【缩放】和【平移】命令来实现同样的功能。

下面将通过一个练习来演示缩放及平移图形的功能。

【案例 2-6】　观察图形的方法。

（1）打开素材文件"dwg\第 2 章\2-6.dwg"，如图 2-19 所示。

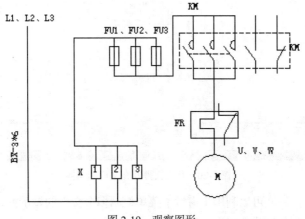

图 2-19　观察图形

（2）将鼠标光标移动到要缩放的区域，向前滚动鼠标滚轮将放大图形，向后滚动鼠标滚轮将缩小图形。

（3）按住鼠标滚轮，鼠标光标将变成手的形状 🖐️，拖动鼠标光标，将平移图形。

（4）单击【视图】选项卡中【导航】面板上的 🖐️ 按钮，AutoCAD 将进入实时平移状态，鼠标光标变成手的形状 🖐️，此时按住鼠标左键并移动鼠标光标，就可以平移图形。按 Esc 键，将退出该功能操作。

（5）单击【视图】选项卡中【导航】面板上的 🔍 按钮，在图形的左上角空白处单击一点，向右下角移动鼠标光标，出现矩形框，再单击一点，AutoCAD 将矩形框内的图形放大。

（6）单击鼠标右键，弹出快捷菜单，选择【缩放】命令，进入实时缩放状态，鼠标光标变成放大镜形状 🔍，此时按住鼠标左键并向上拖动鼠标光标，将放大图形；若向下拖动鼠标光标，则缩小图形。按 Esc 键，退出该功能操作。

（7）单击鼠标右键，选择【平移】命令，进入实时平移状态，鼠标光标变成手的形状 🖐️，平移图形，按 Esc 键退出该功能操作。

（8）单击【视图】选项卡中【导航】面板上的 🔍 按钮，可以返回上一次的显示。

2.1.10　预览打开的文件及在文件间切换

AutoCAD 2010 是一个多文档环境，用户可同时打开多个图形文件。要预览打开的文件及在文件间切换，可采用以下方法。

● 单击 🔺 按钮，展开菜单浏览器，单击浏览器上面的 按钮，列出所有已打开的图形文件。再单击 按钮，选择【大图标】选项，则显示所有打开文件的预览图。选择其中之一，就切换到该图形。

● 单击程序窗口底部的 按钮，显示出所有打开文件的预览图。如图 2-20 所示，预览图显示了两个文件中的图形，单击某一预览图，就切换到该图形。

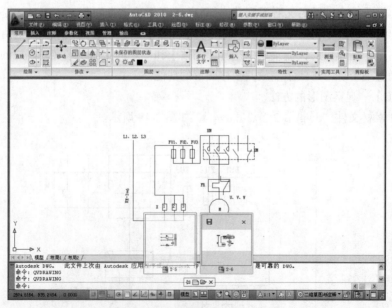

图 2-20　预览文件及在文件间切换

打开多个图形文件后，可以利用【窗口】菜单控制多个文件的显示方式。例如，可将它们以层叠、水平或竖直排列等形式布置在主窗口中。

2.2　设置绘图环境

设置绘图环境包括设定绘图单位和绘图区域，下面分别进行介绍。

2.2.1　设置绘图单位

选择菜单命令【格式】/【单位】，或者在命令行中输入 DDUNITS，弹出【图形单位】对话框，如图 2-21 所示。在该对话框中可以对图形单位进行设置。

1.【长度】分组框

- 【类型】下拉列表：用于设置长度单位的格式类型。
- 【精度】下拉列表：用于设置长度单位的显示精度。

2.【角度】分组框。

- 【类型】下拉列表：用于设置角度单位的格式类型。
- 【精度】下拉列表：用于设置角度单位的显示精度。
- 【顺时针】复选项：若选择此复选项，则表明角度测量方向是顺时针方向，否则为逆时针方向。

3.【光源】分组框

该分组框用于指定光源强度的单位，其下拉列表中提供了【国标】、【美国】和【常规】3 种单位。

4. 方向(D)... 按钮

单击此按钮，弹出【方向控制】对话框，如图 2-22 所示，用户可以在该对话框中进行方向控制的设置。

图 2-21　【图形单位】对话框

图 2-22　【方向控制】对话框

2.2.2　设置绘图区域大小

AutoCAD 的绘图区域无限大。作图时，用户可以事先设定好程序窗口中需要显示出的绘图区域的大小，以便用户了解并掌握图形分布的范围。

设定绘图区域的大小有以下两种方法。

方法 1：将一个圆充满整个程序窗口显示出来，依据圆的尺寸估计当前绘图区的大小。

【案例 2-7】　用圆设定绘图区域的大小。

（1）单击【常用】选项卡中【绘图】面板上的 ⊙ 按钮，AutoCAD 提示如下。

命令: _circle
指定圆的圆心或 [三点(3P)/两点(2P)/切点、切点、半径(T)]:

　　　　　　　　　　　　　　　　　　　　//在屏幕适当位置单击一点
指定圆的半径或 [直径(D)]: 50　　　　　　　　//输入圆的半径，按 Enter 键确认

（2）选择菜单命令【视图】/【缩放】/【范围】，直径为 100 的圆就充满了整个程序窗口，如图 2-23 所示。

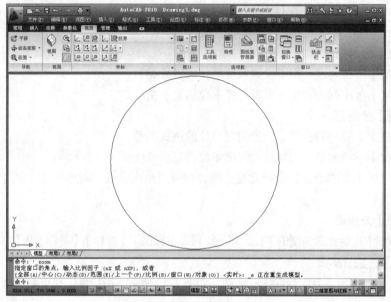

图 2-23　用圆设定绘图区域大小

方法 2：用 LIMITS 命令设定绘图区域大小。

用 LIMITS 命令可以通过改变栅格的长宽尺寸及位置来设定绘图区域大小。

栅格是点在矩形区域中按行、列形式分布形成的图案，如图 2-24 所示。当栅格在程序窗口中显示出来后，用户就可以根据栅格的范围估算出当前绘图区的大小。

【案例 2-8】　使用 LIMITS 命令设定绘图区域大小。

（1）选择菜单命令【格式】/【图形界限】，AutoCAD 提示如下。

命令: '_limits
重新设置模型空间界限:
指定左下角点或 [开(ON)/关(OFF)] <120.0000,80.0000>: 80,60
//输入 A 点的 x、y 坐标值，或者在任意空白位置单击一点，如图 2-24 所示
指定右上角点 <270.0000,320.0000>: @160,190
//输入 B 点相对于 A 点的坐标，按 Enter 键

（2）将鼠标光标移动到程序窗口下方的 ▦ 按钮上，单击鼠标右键，选择【设置】命令，打开【草图设置】对话框，取消对【显示超出界限的栅格】复选项的选择。

（3）关闭【草图设置】对话框，单击 ▦ 按钮，打开栅格显示，选择菜单命令【视图】/【缩放】/【范围】，使矩形栅格充满整个程序窗口。

（4）选择菜单命令【视图】/【缩放】/【实时】，按住鼠标左键并向下拖动鼠标光标，使

矩形栅格缩小，如图 2-24 所示。该栅格的长宽尺寸是"160×190"，且左下角 A 点坐标为（80,60）。

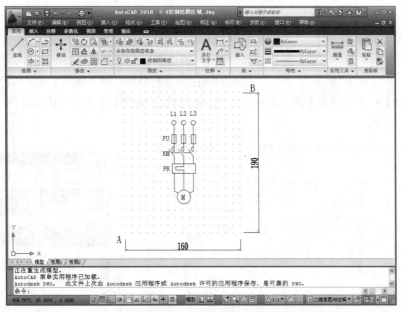

图 2-24 用 LIMITS 命令设定绘图区域大小

2.3 图 层 设 置

图层是对图形进行有效管理的主要组织工具。通过创建图层，可以将类型相似的对象指定给统一图层以使其相关联。

2.3.1 创建及设置图层

新建的 AutoCAD 文档中只能自动创建一个名为 0 的特殊图层。默认情况下，0 层将是当前层，此时所画图形的对象都在 0 层上。每个图层都有与其相关联的颜色、线型及线宽等属性信息，用户可以对这些信息进行设置或修改。

【案例 2-9】 创建表 2-1 所示的图层，并设置各图层的颜色、线型及线宽。

表 2-1   各图层名称及颜色、线型、线宽

名称	颜色	线型	线宽
主回路层	黑色	Continuous	0.5
控制回路层	蓝色	Center	默认
虚线层	黄色	dashed	默认
文字说明层	绿色	Continuous	默认

（1）单击【常用】选项卡中【图层】面板上的■按钮，打开【图层特性管理器】对话框，单击对话框中的■按钮，列表框显示出名称为"图层 1"的图层，直接输入"主回路层"，按 Enter 键结束。

（2）再次按 Enter 键，又创建新的图层，结果如图 2-25 所示。图层"0"前有绿色标记"√"，表示该图层为当前层。

（3）设定颜色。选中"控制回路层"，单击与所选图层关联的颜色图标■白，弹出【选择颜色】对话框，如图 2-26 所示。它是一个标准的颜色设置对话框，可以使用【索引颜色】、【真彩色】和【配色系统】3 个选项卡来选择颜色。此处，在【索引颜色】选项卡中选择蓝色。同样，再设置其他图层的颜色。

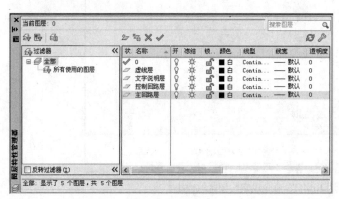

图 2-25　创建图层

图 2-26　【选择颜色】对话框

（4）设定线型。默认情况下，图层线型是"Continuous"。选中"控制回路层"，单击与所选图层对应的线型图标，弹出【选择线型】对话框，如图 2-27 所示，通过此对话框用户可以选择一种线型或从线型库文件中加载更多线型。默认情况下，在【已加载的线型】列表框中系统中只添加了"Continuous"线型。

（5）单击 加载(L)... 按钮，弹出【加载或重载线型】对话框，如图 2-28 所示。可以看到 AutoCAD 还提供了许多其他的线型，选择"CENTER"线型，单击 确定 按钮，即可把选择的线型加载到【选择线型】对话框的【已加载的线型】列表框中。当前线型库文件是"acadiso.lin"，单击 文件(F)... 按钮，可选择其他的线型库文件。

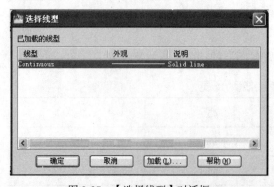

图 2-27　【选择线型】对话框

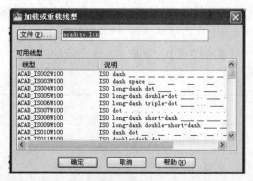

图 2-28　【加载或重载线型】对话框

（6）返回【选择线型】对话框，选择"Center"线型，单击 确定 按钮，该线型就分配给"控制回路层"。用同样的方法再设置其他图层的线型。

（7）设定线宽。选中"主回路层"，单击与所选图层关联的线宽图标 —— 默认，弹出【线宽】对话框，如图 2-29 所示。指定线宽为 0.5mm，单击 确定 按钮，完成对图层线宽的设置。

（8）指定当前层。选中"主回路层"，单击 ✔ 按钮，图层前出现绿色标记"√"，说明"主回路层"为当前层。

（9）关闭【图层特性管理器】对话框，单击【绘图】面板上的 ✐ 按钮，任意绘制几条线段，这些线段的颜色为黑色，线宽为 0.5mm。单击状态栏中的 ➕ 按钮，使这些线条显示出线宽。

（10）设定"控制回路层"或"虚线层"为当前层，绘制线段，观察效果。

图 2-29　【线宽】对话框

2.3.2　控制图层状态

每个图层都具有打开与关闭、冻结与解冻、锁定与解锁、打印与不打印等状态，通过改变图层状态，就能控制图层上对象的可见性与可编辑性。用户可以利用【图层特性管理器】对话框（见图 2-30（a））或【图层】面板上的【图层控制】下拉列表（见图 2-30（b）所示）对图层状态进行控制。

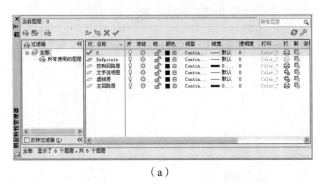

（a）

（b）

图 2-30　图层状态

下面对图层状态作简要介绍。

1．打开/关闭图层

在【图层特性管理器】对话框中单击 💡 图标，可以控制图层的可见性。图层打开时，图标小灯泡呈鲜艳的颜色，该图层上的图形可以显示在屏幕上或绘制在绘图仪上。当单击该属性图标后，图标小灯泡呈灰暗色时，该图层上的图形不显示在屏幕上，而且不能被打印输出，当图形重新生成时，被关闭的层将一起被生成。

2．冻结/解冻图层

在【图层特性管理器】对话框中单击 ☼/❋ 图标，可以冻结图形或将图形解冻。图标呈现雪花灰暗状时，该图层是冻结状态；图标呈太阳鲜艳色时，该图层是解冻状态。冻结图层上的对象不能显示，也不能打印，当图形重新生成时，系统不再重新生成该层上的对象，因而冻结一些图层后，可以加快许多操作的速度。

3．锁定/解锁图层

在【图层特性管理器】对话框中单击 🔓/🔒 图标，可以锁定图形或将图形解锁。锁定图形后，该图层上的图形依然显示在屏幕上并可打印输出，可以在该图层上绘制新的图形对象，但不能对该图层上的图形进行编辑修改操作。锁定图层可以防止对图形的意外修改。

4. 打印样式

使用打印样式可以控制对象的打印特性，包括颜色、抖动、灰度、笔号、淡显、线型、线宽、线条端点样式和填充样式。打印样式给用户提供了很大的灵活性，因为用户可以设置打印样式来替代其他对象特性，也可以按用户需要关闭这些替代设置。

5. 打印/不打印

在【图层特性管理器】对话框中单击🖨图标，可以设定打印时该图层是否打印，以及在保证图形显示可见性不变的条件下，控制图形的打印特性。打印功能只对可见的图层起作用，对于已经被冻结或被关闭的图层不起作用。

6. 透明度

在【图层特性管理器】对话框中，透明度用于选择或输入要应用于当前图形中选定图层的透明度级别。

2.3.3　修改对象图层、颜色、线型和线宽

用户通过【特性】面板上的【颜色控制】、【线型控制】和【线宽控制】下拉列表可以方便地修改或设置对象的颜色、线型及线宽等属性，如图 2-31 所示。默认情况下，这 3 个列表框中显示 "Bylayer"，即所绘对象的颜色、线型、线宽等属性与当前层所设定的完全相同。

【颜色控制】下拉列表

【线型控制】下拉列表

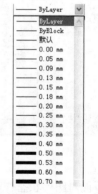

【线宽控制】下拉列表

图 2-31　图层控制

当设置将要绘制对象的颜色、线型及线宽等属性时，可直接在【颜色控制】、【线型控制】和【线宽控制】下拉列表中选择相应的选项。

当修改对象的属性时，可先选择对象，然后在【颜色控制】、【线型控制】和【线宽控制】下拉列表中选择新的颜色、线型及线宽。

【案例 2-10】　切换图层、控制图层状态、修改对象所在的图层及修改对象的颜色、线型、线宽。

（1）打开素材文件 "dwg\第 2 章\2-10.dwg"，如图 2-32 所示。

（2）打开【图层】面板上的【图层控制】下拉列表，选择 "控制回路层"，则 "控制回路层" 成为当前层。

（3）打开【图层】面板上的【图层控制】下拉列表，

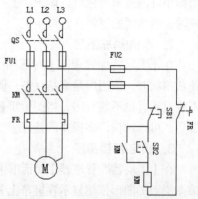

图 2-32　三相异步电动机电路图

单击"文字说明层"前面的 💡 图标，然后将鼠标光标移出下拉列表并单击一点，关闭该图层，则层上的对象变为不可见。再单击"文字说明层"前面的 💡 图标，则层上的对象又变为可见。

（4）打开【图层】面板上的【图层控制】下拉列表，单击"主回路层"前面的 ⚙ 图标，然后将鼠标光标移出下拉列表并单击一点，冻结该图层，则层上的对象将变成不可见。再单击"主回路层"前面的 ❄ 图标，则层上的对象又变为可见。

（5）选择所有蓝色线条，则【图层控制】下拉列表显示这些线条所在的图层为"虚线层"。在该列表中选择"控制回路层"，操作结束后，列表框自动关闭，被选对象转移到"控制回路层"上。

（6）选中所有图形对象，打开【颜色控制】下拉列表，从列表中选择蓝色，则所有对象变为蓝色。改变对象线型、线宽的方法与修改对象颜色类似。

小　结

本章介绍了 AutoCAD 2010 的基本操作及绘图环境，包括 AutoCAD 2010 的用户界面、绘图环境的配置、图层的设置等。只有充分了解了这些知识，才有助于用户顺利地完成设计任务。

习　题

1. 启动 AutoCAD 2010，在界面中设置绘图环境，具体要求如下。

（1）设置绘图单位为"毫米"，精度等级为 0.01。

（2）设置绘图区域为标准 A3 图幅 420×297。

（3）设置图层，具体设置情况如表 2-2 所示。

表 2-2　　　　　　　　　　图层名及线型、颜色、线宽属性表

名称	颜色	线型	线宽
粗实线层	黑	Continues	0.3
细实线层	红	Continues	0.25
虚线层	绿	Dash	0.25
点画线层	蓝	Center	0.25

2. 在习题 1 的基础上，用直线命令绘制基本桥式电路，如图 2-33 所示。

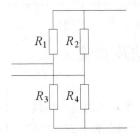

图 2-33　基本桥式电路图

第3章
简单二维图形的绘制

【学习目标】

- 了解 AutoCAD 2010 的坐标系。
- 掌握对象捕捉、极轴追踪及自动追踪的应用。
- 掌握绘制点、线、圆、圆弧、椭圆和多边形等的方法和技巧。
- 掌握利用绝对坐标和相对坐标绘制各种角度与长度的线段。
- 掌握多段线以及多线的创建与编辑。
- 掌握点的定数等分和定距等分。

3.1 AutoCAD 2010 的坐标系

在绘图过程中要精确定位某个对象时，必须以某个坐标系为参照，精确拾取点的位置。利用 AutoCAD 的坐标系，可以按照非常高的精度标准，准确地设计并绘制图形。

3.1.1 世界坐标系和用户坐标系

AutoCAD 的坐标系有世界坐标系（WCS）和用户坐标系（UCS）两种，其默认的坐标系是世界坐标系。世界坐标系始终把坐标原点设在视口（Viewport）左下角，主要在绘制二维图形时使用。在三维图形中，AutoCAD 允许建立自己的坐标系，即用户坐标系（UCS），该坐标系可以倾斜任意角度，也可以将原点放置在任意位置。由于绝大多数二维绘图命令只在 xy 或与 xy 平行的面内有效，所以在绘制三维图形时，经常要建立和改变用户坐标系来绘制不同基准面上的平面图形。UCS 更是 AutoCAD 的可移动坐标系，移动 UCS 可以使设计者处理图形的特定部分变得更加容易，旋转 UCS 可以帮助用户在三维或旋转视图中指定点。

3.1.2 点坐标的表示方法及其输入

常用的点坐标有如下两种形式。

（1）绝对或相对直角坐标。绝对直角坐标的输入格式为"X,Y"，相对直角坐标的输入格式为"@X,Y"。X 表示点的 x 向坐标值，Y 表示点的 y 向坐标值，两坐标值之间用","隔开，例如 A（−60,30），B（40,70），如图 3-1 所示。

（2）绝对或相对极坐标。绝对极坐标的输入格式为"$R<\alpha$"。R 表示点到原点的距离，α 表

示极轴方向与 x 轴正向间的夹角。若从 x 轴正向逆时针转到极轴方向，则 α 为正，反之，α 角为负。例如 C（70<120），D（50<-30），如图 3-1 所示。

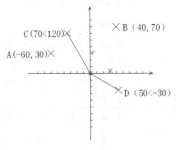

图 3-1　点坐标示意图

3.1.3　控制坐标的显示

在绘图窗口中移动鼠标光标时，状态栏上将动态显示当前指针的坐标。坐标的显示取决于所选的模式和程序中运行的命令，共有以下 3 种显示方式。

● 关。显示上一个拾取点的绝对坐标，此时，指针坐标不能动态更新，只有在拾取一个新点时显示才会更新，但是从键盘输入一个新点坐标时，不会改变该显示的方式。

● 绝对。显示鼠标光标的绝对坐标，该值是动态更新的，默认情况下，该显示方式打开的。

● 相对。显示一个相对极坐标。当选择该方式时，如果当前处在拾取点状态，那么系统将恢复到"绝对"模式。

在实际绘图过程中，用户可以根据需要随时按下 F6、Ctrl+D 键或单击状态栏的坐标显示区域，实现上述 3 种方式间的切换。

3.2　对象捕捉、极轴追踪及自动追踪功能

在 AutoCAD 中绘制图形时，可利用对象捕捉、极轴追踪及自动追踪 3 种功能，实现对鼠标光标移动位置的精确定位，提高绘图效率。本章将介绍对象捕捉、极轴追踪及自动追踪功能。

3.2.1　对象捕捉功能

用 LINE 命令绘制直线的过程中可启动对象捕捉功能，以拾取一些特殊的几何点，如端点、圆心及切点等。【对象捕捉】工具栏中包含了各种对象捕捉工具，其中常用捕捉工具的功能及命令代号如表 3-1 所示。

表 3-1　　　　　　　　　　　　　　　　对象捕捉工具及代号

捕捉按钮	代号	功能
	FROM	正交偏移捕捉。先指定基点，再输入相对坐标确定新点
	END	捕捉端点
	MID	捕捉中点
	INT	捕捉交点

捕捉按钮	代号	功能
----	EXT	捕捉延伸点。从线段端点开始沿线段方向捕捉一点
⊙	CEN	捕捉圆、圆弧、椭圆的中心
◈	QUA	捕捉圆、椭圆的 0°、90°、180° 或 270° 处的点——象限点
○	TAN	捕捉切点
⊥	PER	捕捉垂足
//	PAR	平行捕捉。先指定线段起点，再利用平行捕捉绘制平行线
无	M2P	捕捉两点间连线的中点

3.2.2　极轴追踪功能

打开极轴追踪功能后，鼠标光标就按用户设定的极轴方向移动，AutoCAD 将在该方向上显示一条追踪辅助线及光标点的极坐标值，如图 3-2 所示。

【案例 3-1】　练习如何使用极轴追踪功能绘制二极管。

（1）用鼠标右键单击状态栏上的  按钮，弹出快捷菜单，选取【设置】命令，打开【草图设置】对话框，如图 3-3 所示。

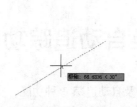

图 3-2　极轴追踪　　　　　　图 3-3　【草图设置】对话框

【极轴追踪】选项卡中与极轴追踪有关的选项的功能如下。

- 【增量角】：在此下拉列表中可选择极轴角变化的增量值，也可以输入新的增量值。
- 【附加角】：除了根据极轴增量角进行追踪外，用户还能通过该选项添加其他的追踪角度。
- 【绝对】：以当前坐标系的 x 轴作为计算极轴角的基准线。
- 【相对上一段】：以最后创建的对象为基准线计算极轴角度。

（2）在【极轴追踪】选项卡的【增量角】下拉列表中设定极轴角增量为 "45"。此后，若用户打开极轴追踪画线，则鼠标光标将自动沿 0°、45°、90°、135° 和 225° 等方向进行追踪，再输入线段长度值，AutoCAD 就在该方向上画出线段。单击 确定 按钮，关闭【草图设置】对话框。

（3）单击 按钮，打开极轴追踪。键入 LINE 命令，AutoCAD 提示如下。

命令：_line 指定第一点：　　　　　　　　　//拾取点 A
指定下一点或 [放弃(U)]：40　　　　　　　　//沿 180° 方向追踪，并输入 AB 长度

指定下一点或 [闭合(C)/放弃(U)]: *取消*	
命令: _line 指定第一点:	//拾取点 A
指定下一点或 [闭合(C)/放弃(U)]: 8	
	//从 A 点向左追踪（不要单击鼠标左键）并输入距离
指定下一点或 [闭合(C)/放弃(U)]: 20	//沿 90°方向追踪，并输入 OC 长度
命令: _line 指定第一点:	//拾取点 O
指定下一点或 [闭合(C)/放弃(U)]: 20	//沿 270°方向追踪，并输入 OD 长度
指定下一点或 [闭合(C)/放弃(U)]: *取消*	
命令: _line 指定第一点:	//拾取点 O
指定下一点或 [闭合(C)/放弃(U)]: 30	//沿 135°方向追踪，并输入 OE 长度
指定下一点或 [闭合(C)/放弃(U)]: *取消*	
命令: _line 指定第一点:	//拾取点 O
指定下一点或 [闭合(C)/放弃(U)]: 30	//沿 225°方向追踪，并输入 OF 长度
指定下一点或 [闭合(C)/放弃(U)]: *取消*	
命令: _line 指定第一点:	//拾取点 E
指定下一点或 [闭合(C)/放弃(U)]:	//拾取点 F
指定下一点或 [闭合(C)/放弃(U)]: *取消*	//按 Enter 键结束

结果如图 3-4 所示。

图 3-4　使用极轴追踪画线

要点提示　如果线段的倾斜角度不在极轴追踪的范围内，就可使用角度覆盖方式画线。方法是：当 AutoCAD 提示"指定下一点或[闭合（C）/放弃（U）]:"时，按照"<角度"形式输入线段的倾角，这样 AutoCAD 将暂时沿设置的角度画线。

3.2.3　自动追踪功能

在使用自动追踪功能时，必须打开对象捕捉。AutoCAD 首先捕捉一个几何点作为追踪参考点，然后按水平、竖直方向或设定的极轴方向进行追踪，如图 3-5 所示。

追踪参考点的追踪方向可通过【极轴追踪】选项卡中的两个选项进行设定，这两个选项是【仅正交追踪】和【用所有极轴角设置追踪】，如图 3-3 所示。它们的功能如下。

图 3-5　自动追踪

- 【仅正交追踪】：当自动追踪打开时，仅在追踪参考点处显示水平或竖直的追踪路径。
- 【用所有极轴角设置追踪】：如果自动追踪功能打开，则当指定点时，AutoCAD 将在追踪参考点处沿任何极轴角方向显示追踪路径。

【案例 3-2】　打开素材文件"dwg\第 3 章\3-2.dwg"，如图 3-6（a）所示，使用自动追踪功能，将图（a）修改为图（b）。

（1）在【草图设置】对话框中设置对象捕捉方式为"交点"、"端点"。

（2）单击状态栏上的□、∠按钮，打开对象捕捉及自动追踪功能。

（3）输入 LINE 命令。将鼠标光标放置在 O 点附近，向上移动鼠标光标，输入距离值"5"，按 Enter 键，则 AutoCAD 追踪到 A 点，如图 3-6 所示。

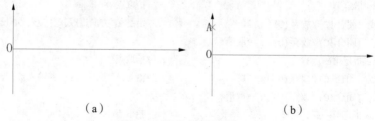

图 3-6　沿竖直辅助线追踪

（4）将鼠标光标放置在 A 点向下移动鼠标光标，输入距离值"10"，按 Enter 键，则 AutoCAD 追踪到 B 点，从 B 点绘制线段。利用 AutoCAD 自动捕捉与 A 点平行的直线（注意：不要单击鼠标左键），移动鼠标光标到 C 点附近后单击一点，如图 3-7 所示。

（5）继续捕捉平行于 B 点的下一点，移动鼠标光标到 D 点附近后单击一点，如图 3-8 所示。

（6）用同样的方法确定 E、F 点，结果如图 3-9 所示。

 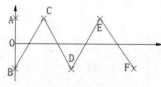

图 3-7　沿水平辅助线追踪　　图 3-8　利用两条追踪辅助线定位点　　图 3-9　确定 E、F 点

在上述例子中，AutoCAD 仅沿水平或竖直方向追踪，若想使 AutoCAD 沿设定的极轴角方向追踪，则可在【草图设置】对话框的【对象捕捉追踪设置】分组框中选择【用所有极轴角设置追踪】，如图 3-3 所示。

以上通过两个例子说明了极轴追踪及自动追踪功能的用法。在实际绘图过程中，常将这两项功能结合起来使用，这样既能方便地沿极轴方向画线，又能轻易地沿极轴方向定位点。

3.3　点 的 绘 制

在 AutoCAD 2010 中，点对象有单点、多点、定数等分和定距等分 4 种，用户可根据需要绘制各种类型的点。

3.3.1　绘制单点和多点

1. 命令启动方法

- 菜单命令：【绘图】/【点】/【单点】或【多点】。
- 功能区：【常用】选项卡中【绘图】面板上的 · 按钮。
- 命令：POINT。

2.　点的显示类型和大小

点的显示类型和大小可以通过【点样式】来设置，选择菜单命令【格式】/【点样式】，打开【点样式】对话框，如图 3-10 所示。

【点样式】对话框中相关选项的功能介绍如下。

- 【点大小】：设定点的显示大小。可以相对于屏幕设定点的大小，也可以用绝对单位设定点的大小。

- 【相当于屏幕设置大小】：按屏幕尺寸的百分比设定点的显示大小。当进行缩放时，点的显示大小并不改变。

- 【按绝对单位设置大小】：按【点大小】文本框中指定的实际单位，设定点显示的大小。进行缩放时，显示的点大小随之改变。

图 3-10　【点样式】对话框

3.3.2　定数等分对象

该命令可以在指定的对象上绘制等分点或者在等分点处插入块。

命令启动方法如下。

- 菜单命令：【绘图】/【点】/【定数等分】。
- 功能区：【常用】选项卡中【绘图】面板上的 按钮。
- 命令：DIVIDE。

【案例 3-3】　打开素材文件 "dwg\第 3 章\3-3.dwg"，如图 3-11（a）所示，使用 DIVIDE 命令绘制定数等分点，将图（a）修改为图（b）。

（1）点样式设置。选择菜单命令【格式】/【点样式】，打开【点样式】对话框，设置的参数如图 3-12 所示。

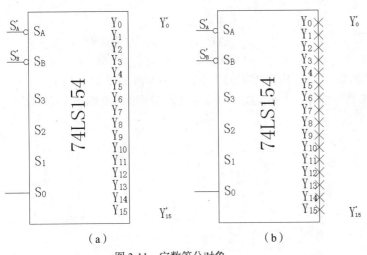

（a）　　　　　　　　　　　（b）

图 3-11　定数等分对象

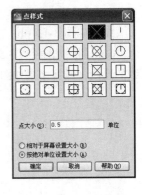

图 3-12　【点样式】对话框

（2）定数等分对象。

命令:DIVIDE　　　　　　　　　　　　　//定数等分对象

选择要定数等分的对象:　　　　　　　　　//选择图 3-11（a）所示的纵向右侧边

输入线段数目或 [块(B)]:17　　　　　　//输入等分数目，按 Enter 键结束

结果如图 3-11（b）所示。

3.3.3 定距等分对象

该命令可以在指定的对象上按指定的长度绘制点或者插入块。

命令启动方法如下。

- 菜单命令：【绘图】/【点】/【定距等分】。
- 功能区：【常用】选项卡中【绘图】面板上的 按钮。
- 命令：MEASURE。

【案例 3-4】 打开素材文件"dwg\第 3 章\3-4.dwg"，如图 3-13（a）所示，使用 MEASURE 命令确定其余管脚位置，将图（a）修改为图（c）。

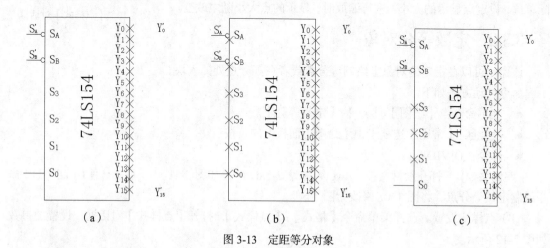

|（a）|（b）|（c）|

图 3-13 定距等分对象

（1）定数等分对象。

命令：MEASURE	//输入命令
选择要定距等分的对象：	//选择图 3-13（a）的左侧纵向线段
指定线段长度或 [块(B)]：2.5	//输入线段长度，按 Enter 键结束

结果如图 3-13（b）所示。删除 S_A、S_B 和 S_0 附近的 3 点，结果如图 3-13（c）所示。

（2）利用圆命令（3.5.1 小节将详细介绍）和直线命令（3.4.1 小节将详细介绍）完成管脚各引线的绘制，最终结果如图 3-14 所示。

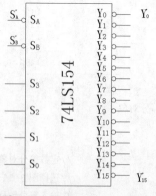

图 3-14 芯片 74LS154 引脚图

3.4　平面图形的绘制

AutoCAD 2010 提供了直线、射线等直线图形的绘制命令以及圆、圆弧、多边形等曲线图形的绘制命令，利用这些命令可以绘制建筑电气图样、工业过程控制电气、机械电气以及电力电气等系统的图样。本节将着重介绍几种常见的平面绘图命令。

3.4.1　绘制直线

线的绘制是各种绘图中最常用、最简单的一类图形对象。AutoCAD 2010 可根据用户给定的起点和终点绘制出一条线段。

1. 命令启动方法

- 菜单命令：【绘图】/【直线】。
- 功能区：【常用】选项卡中【绘图】面板上的 ╱ 按钮。
- 命令：LINE。

【案例 3-5】　使用 LINE 命令绘制主从 JK 触发器的动态波形，如图 3-15 所示。

（1）单击状态栏上的 ▨ 按钮，打开正交模式。

（2）设置图层。

选择菜单命令【格式】/【图层】，打开【图层特性管理器】对话框，新建一个名为"图层 1"的图层，如图 3-16 所示，然后单击相应【线型】列的"Continuous"，弹出【选择线型】对话框，如图 3-17 所示，单击 加载(L)... 按钮，在弹出的如图 3-18 所示的【加载或重载线型】对话框中选择线型"HIDDEN2"后单击 确定 按钮，图层设置完毕。

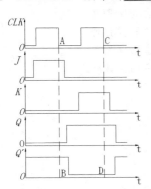

图 3-15　绘制主从 JK 触发器的动态波形

图 3-16　【图层特性管理器】对话框

图 3-17　【选择线型】对话框

图 3-18　【加载或重载线型】对话框

（3）设置绘图区域大小为 80×80。

（4）绘制坐标轴。

命令：_line

指定第一点： //指定点 o

指定下一点或 [放弃(U)]:10 //向上追踪并输入追踪距离

命令：_line

指定第一点： //指定点 o

指定下一点或 [放弃(U)]:40 //向右追踪并输入追踪距离

指定下一点或 [放弃(U)]: //按 Enter 键结束

结果如图 3-19 所示（图中箭头为示意）。

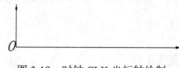

图 3-19　时钟 CLK 坐标轴绘制

（5）绘制第一个波形。

命令：_line

指定第一点： //捕捉点 o（不要单击鼠标左键）

指定下一点或 [放弃(U)]:1 //向上追踪并输入追踪距离

指定下一点或 [放弃(U)]:4 //向右追踪并输入追踪距离

指定下一点或 [闭合(C)/放弃(U)]:6 //向上追踪并输入追踪距离

指定下一点或 [闭合(C)/放弃(U)]:8 //向右追踪并输入追踪距离

指定下一点或 [闭合(C)/放弃(U)]:6 //向下追踪并输入追踪距离

指定下一点或 [闭合(C)/放弃(U)]:8 //向右追踪并输入追踪距离

指定下一点或 [闭合(C)/放弃(U)]:6 //向上追踪并输入追踪距离

指定下一点或 [闭合(C)/放弃(U)]:8 //向右追踪并输入追踪距离

指定下一点或 [闭合(C)/放弃(U)]:6 //向下追踪并输入追踪距离

指定下一点或 [闭合(C)/放弃(U)]:8 //向右追踪并输入追踪距离

指定下一点或 [闭合(C)/放弃(U)]: //按 Enter 键结束

结果如图 3-20 所示。

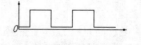

图 3-20　时钟 CLK 的时序绘制

（6）用与步骤（4）、（5）相同的方法绘制其余波形，波形尺寸如下。

① 第 2 个图形：向上追踪 1，向右追踪 3，向上追踪 6，向右追踪 11，向下追踪 6，向右追踪 26。

② 第 3 个图形：向上追踪 1，向右追踪 19，向上追踪 6，向右追踪 11，向下追踪 6，向右追踪 6。

③ 第 4 个图形：向上追踪 1，向右追踪 14，向上追踪 6，向右追踪 17，向下追踪 6，向右追踪 4。

④ 第 5 个图形：向上追踪 7，向右追踪 14.5，向下追踪 6，向右追踪 15，向上追踪 6，向右

追踪 5。

结果如图 3-21 所示。

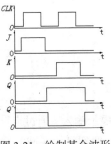

图 3-21　绘制其余波形

（7）绘制虚线。

① 打开【图层特性管理器】对话框，选中"图层 1"并单击该对话框中的✔按钮，将选中的虚线置为当前，如图 3-22 所示。

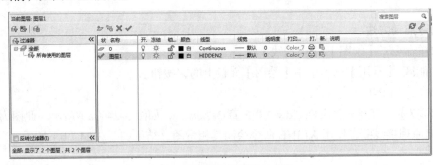

图 3-22　将所选图层置于当前

② 绘制虚线 *AB*、*CD*，最终结果如图 3-15 所示。

2．命令选项

● 指定第一点：在此提示下，用户需指定线段的起始点，若此时按 Enter 键，AutoCAD 将以上一次所绘线段或圆弧的终点作为新线段的起点。

● 指定下一点：在此提示下，输入线段的端点，按 Enter 键后，AutoCAD 继续提示"指定下一点"，用户可输入下一个端点。若在"指定下一点"提示下按 Enter 键，则命令结束。

● 放弃(U)：在"指定下一点"提示下，输入字母"U"，将删除上一条线段，多次输入"U"，就会删除多条线段，该选项可以及时纠正绘图过程中的错误。

● 闭合(C)：在"指定下一点"提示下，输入字母"C"，AutoCAD 将使连续折线自动封闭。

3.4.2　绘制射线

射线为一端固定，另一端无限延伸的直线。在 AutoCAD 中，射线主要用于绘制辅助线。

命令启动方法如下。

● 菜单命令：【绘图】/【射线】。

● 功能区：【常用】选项卡中【绘图】面板上的✏按钮。

● 命令：RAY。

【案例 3-6】　打开素材文件"dwg\第 3 章\3-6.dwg"，用 RAY 命令绘制射线，结果如图 3-23 所示（图中角度标注为了方便读者参照）。

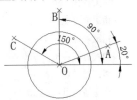

图 3-23　射线

命令：_ray：指定起点 O　　　　　　　　　　//捕捉圆心。

指定通过点：<20	//设定角度
指定通过点：	//单击 A 点
指定通过点：<90	//设定角度
指定通过点：	//单击 B 点
指定通过点：<150	//设定角度
指定通过点：	//单击 C 点
指定通过点：	//按 Enter 键结束

结果如图 3-23 所示。

AutoCAD 绘制一条射线时会多次提示输入"通过点"以便创建多条射线。起点和通过点定义了射线延伸的方向，射线在此方向上延伸到显示区域的边界。

3.4.3 绘制构造线

构造线即无限延长的直线，可用作其他对象的参照或是对齐物体，还可以绘制任意角度的直线和平分线。

1. 命令启动方法

- 菜单命令：【绘图】/【构造线】。
- 功能区：【常用】选项卡中【绘图】面板上的 ⁄ 按钮。
- 命令：XLINE。

【案例 3-7】 打开素材文件"dwg\第 3 章\3-7.dwg"，如图 3-24（a）所示，此图为三相变压器二次绕组原理接线图，使用 XLINE 命令绘制其相量图，结果如图 3-24（b）所示。

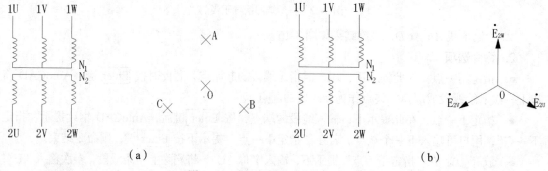

（a）   （b）

图 3-24 三相变压器二次绕组原理接线图

（1）使用 XLINE 绘制构造线。

命令：_xline：	
指定点或 [水平(H)/垂直(V)/角度(A)/二等分(B)/偏移(O)]：	//捕捉圆心 O
指定通过点：<90	//设定角度
角度替代：90	
指定通过点：	//单击一点 A
指定通过点：<30	//设定角度
角度替代：30	
指定通过点：	//单击一点 C
指定通过点：<150	//设定角度
角度替代：150	
指定通过点：	//单击一点 B

指定通过点： //按 Enter 键结束

结果如图 3-25 所示。

（2）利用绘制直线命令、圆命令以及修剪命令（4.1.10 小节将详细介绍）绘制原理图的其他部分，结果如图 3-24（b）所示。

2. 命令选项

- 二等分(B)：垂直于已知对象或平分已知对象绘制等分构造线。
- 水平(H)：平行于当前 UCS 的 x 轴绘制水平构造线。
- 竖直(V)：平行于当前 UCS 的 y 轴绘制垂直构造线。
- 角度(A)：指定角度绘制带有角度的构造线。
- 偏移(O)：以指定距离将选取的对象偏移并复制，使偏移的对象与原对象平行。

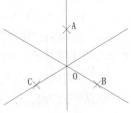

图 3-25 绘制构造线

3.4.4 绘制多线

多线段即多重平行线，这些平行线可以设置为不同的颜色，以便于区分。

1. 命令启动方法

- 菜单命令：【绘图】/【多线】。
- 命令：MLINE。

【案例 3-8】 使用 MLINE 命令绘制磁放大器交流输出电路原理图，如图 3-26 所示。

（1）使用多线命令 MLINE 绘制电磁铁。

```
命令：_mline
当前设置：对正 = 上，比例 = 20.00，样式 = STANDARD
指定起点或 [对正(J)/比例(S)/样式(ST)]：s          //使用"比例(S)"选项
输入多线比例 <20.00>：5                          //输入多线比例
当前设置：对正 = 上，比例 = 5.00，样式 = STANDARD
指定起点或 [对正(J)/比例(S)/样式(ST)]：          //指定一点 A
指定下一点:20                                    //向右水平追踪
指定下一点或 [放弃(U)]:30                         //向下垂直追踪
指定下一点或 [闭合(C)/放弃(U)]：  20             //向左水平追踪
指定下一点或 [闭合(C)/放弃(U)]：  c              //按 Enter 键结束
```

结果如图 3-27 所示。

（2）利用直线命令、圆命令以及修剪命令（详见 4.1.10 小节）绘制原理图的其他部分，结果如图 3-26 所示。

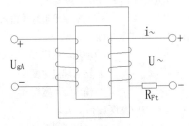

图 3-26 磁放大器交流输出线路原理图

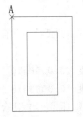

图 3-27 绘制电磁铁

2. 命令选择

● 指定起点：在此提示下，输入多线绘制的起始点，系统将以当前的线型样式、比例和对正方式绘制多线。若此时按 Enter 键，AutoCAD 将以上一次所绘多线的终点作为新多线绘制的起点。

● 对正(J)：在此提示下，输入绘制多线的对正方式。

● 比例(S)：在此提示下，输入所绘多线相对于已定义多线的比例系数，系统默认比例为 1.00。

● 样式(ST)：在此提示下，输入绘制多线的样式名，系统默认样式为 STANDARD。若输入"？"，则系统显示已有的多线样式。也可通过菜单命令【格式】/【多线样式】，打开【多线样式】对话框，从该对话框中选择多线样式，如图 3-28 所示。

● 指定下一点：在此提示下，用户输入多线绘制的端点，按 Enter 键后，AutoCAD 继续提示"指定下一点"，用户可输入下一个端点。若在"指定下一点"提示下按 Enter 键，则命令结束。

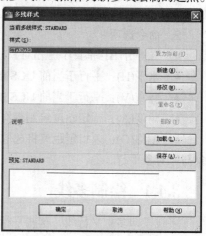

图 3-28　【多线样式】对话框

● 放弃(U)：在"指定下一点"提示下，输入字母"U"，将删除上一条多线段，多次输入"U"，则会删除多条多线段，该选项可以及时纠正多线绘图过程中的错误。

● 闭合(C)：在"指定下一点"提示下，输入字母"C"，AutoCAD 将使连续绘制的多线自动封闭。

3.4.5　绘制多段线

多段线是作为单个对象创建的相互连接的序列线段，可以创建直线、弧线或两者的组合线段。多段线中的线条可以设置成不同的线宽以及不同的线型，具有很强的实用性。

1. 命令启动方法

● 菜单命令：【绘图】/【多段线】。

● 功能区：【常用】选项卡中【绘图】面板上的 按钮。

● 命令：PLINE。

【案例 3-9】　绘制多段线，如图 3-29 所示。

图 3-29　多线段

```
命令: _pline                                              //绘制多段线
指定起点:                                                  //指定点 A
当前线宽为 0.0000
指定下一个点或 [圆弧(A)/半宽(H)/长度(L)/放弃(U)/宽度(W)]: 35
                                                          //向右水平追踪并输入追踪距离
指定下一点或 [圆弧(A)/闭合(C)/半宽(H)/长度(L)/放弃(U)/宽度(W)]: W
                                                          //使用"宽度(W)"选项
指定起点宽度 <0.0000>:0                                     //输入起点宽度
指定端点宽度 <0.0000>:3                                     //输入终点宽度
指定下一点或 [圆弧(A)/闭合(C)/半宽(H)/长度(L)/放弃(U)/宽度(W)]: A
                                                          //使用"圆弧(A)"选项
指定圆弧的端点或[角度(A)/圆心(CE)/闭合(CL)/方向(D)/半宽(H)/直线(L)/半径(R)/第二个点(S)/放弃
(U)/宽度(W)]:R                                             //使用"半径(R)"选项
```

指定圆弧的半径：10	//输入半径
指定圆弧的端点或 [角度(A)]：A	//使用"角度(A)"选项
指定包含角：-180	//输入圆弧弧度
指定圆弧的弦方向 <0>：	//单击 C 点
指定圆弧的端点或[角度(A)/圆心(CE)/闭合(CL)/方向(D)/半宽(H)/直线(L)/半径(R)/第	
二个点(S)/放弃(U)/宽度(W)]：	//按 Esc 键退出命令

结果如图 3-29 所示。

2. 命令选择

- 指定起点：在此提示下，输入绘制多段线的起点。
- 指定下一个点：在此提示下，输入多段线的另一端点绘制一条直线。
- 圆弧(A)：在此提示下，输入字母"A"，系统变为绘制圆弧方式。选择这一项后就会显示："指定圆弧的端点或[角度(A)/圆心(CE)/方向(D)/半宽(H)/直线(L)/半径(R)/第二个点(S)/放弃(U)/宽度(W)]"，对这些选项的功能介绍如下。

  指定圆弧的端点：绘制弧线段是系统的默认项，可用来直接绘制圆弧。

  角度(A)：用于指定圆弧的圆心角。

  圆心(CE)：用于指定圆弧的圆心。

  方向(D)：用于指定弧线段的开始方向。

  直线(L)：用于退出"圆弧(A)"选项并返回 PLINE 命令的初始提示。

  半径(R)：用于指定弧线段的半径。

  第二个点(S)：用于指定由 3 个点确定的圆弧的第二点和端点。

- 半宽(H)：用于指定从宽多段线的中心到其一边的宽度。
- 长度(L)：在与前一线段相同的角度方向上绘制指定长度的线段。如果前一段是圆弧，那么 AutoCAD 绘制与该圆弧相切的新线段。
- 放弃(U)：删除最近一次添加到多段线上的线段。
- 宽度(W)：指定下一条线段的宽度。

3.4.6 绘制矩形

1. 命令启动方法

- 菜单命令：【绘图】/【矩形】。
- 功能区：【常用】选项卡中【绘图】面板上的 □ 按钮。
- 命令：RECTANG。

【案例 3-10】 打开素材文件"dwg\第 3 章\3-10.dwg"，如图 3-30（a）所示，使用 RECTANG 命令绘制电阻，完成场效应管共源放大电路，结果如图 3-30（b）所示。

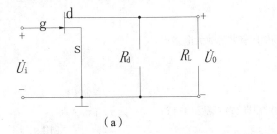

（a）

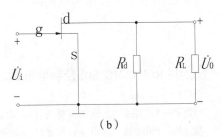

（b）

图 3-30 场效应管共源放大电路

（1）绘制电阻 Rd。

命令: _rectang
指定第一个角点或 [倒角(C)/标高(E)/圆角(F)/厚度(T)/宽度(W)]:from
                   //使用正交偏移捕捉

基点: <偏移>:@-4,0   //单击 A 点并输入偏移距离
指定另一个角点或 [面积(A)/尺寸(D)/旋转(R)]: d   //选择输入矩形尺寸
指定矩形的长度 <20.0000>: 8   //输入矩形长度
指定矩形的宽度 <10.0000>:20   //输入矩形宽度
指定另一个角点或 [面积(A)/尺寸(D)/旋转(R)]:   //在 A 点右下方单击一点
结果如图 3-31 所示。

（2）用同样的方法绘制电阻 R_L，结果如图 3-30（b）所示。

2. 命令选择

- 倒角(C)：设定矩形的倒角距离。
- 标高(E)：指定矩形的标高。
- 圆角(F)：指定矩形的圆角半径。
- 厚度(T)：指定矩形的厚度。
- 宽度(W)：为要绘制的矩形指定多段线的

宽度。

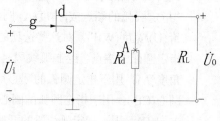

图 3-31 绘制电阻 Rd

3.4.7 绘制正多边形

正多边形是由具有 3～1024 条等边长的封闭多段线而组成的二维图形。

1. 命令启动方法

- 菜单命令：【绘图】/【正多边形】。
- 功能区：【常用】选项卡中【绘图】面板上的 按钮。
- 命令：POLYGON。

【案例 3-11】 打开素材文件 "dwg\第 3 章\3-11.dwg"，如图 3-32（a）所示，使用 RECTANG 命令绘制电阻，使用 POLYGON 命令绘制受控电流源，完成场效应管共源放大电路的绘制，结果如图 3-32（b）所示。

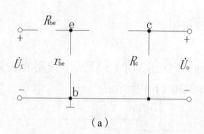

（a）

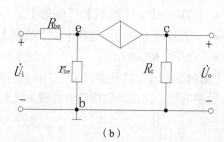

（b）

图 3-32 场效应管共源放大电路

（1）用 RECTANG 命令绘制电阻 R_{be}。

命令: _rectang   //绘制矩形
指定第一个角点或 [倒角(C)/标高(E)/圆角(F)/厚度(T)/宽度(W)]: //单击 A 点
指定另一个角点或 [面积(A)/尺寸(D)/旋转(R)]:D   //输入尺寸创建矩形
指定矩形的长度 <20.0000>: 20   //按 Enter 键

| 指定矩形的宽度 <10.0000>: 10 | //按 Enter 键 |
| 指定另一个角点或 [面积(A)/尺寸(D)/旋转(R)]: | //在 A 点右下方单击一点 |

结果如图 3-33（a）所示，捕捉矩形左侧边中点向上偏移 0.5，结果如图 3-33（b）所示（偏移命令会在第 4 章中详细介绍）。

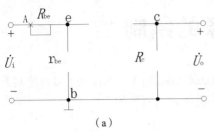
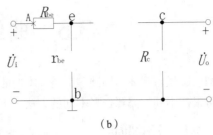

（a）　　　　　　　　　　　　　　　　（b）

图 3-33　场效应管共源放大电路

（2）用相同的方法绘制电阻 r_{be} 和 R_c，结果如图 3-34 所示。

（3）用 POLYGON 和 LINE 命令绘制受控电流源。

命令: _polygon	//绘制正多边形
输入侧面数 <4>: 4	//输入侧面数
指定正多边形的中心点或 [边(E)]: M2P	//捕捉中点命令
中点的第一点: 中点的第二点:	//第一点为 E，第二点为 M
输入选项 [内接于圆(I)/外切于圆(C)] <I>: I	//选择内接于圆
指定圆的半径:	

//捕捉并单击图 3-35 中的 F 点（在此不能输入圆半径，要直接选择所需正多边形大小）

结果如图 3-35 所示。

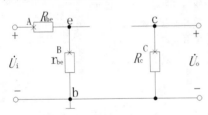
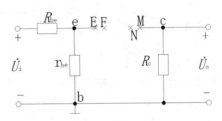

图 3-34　绘制电阻 r_{be}、R_c　　　　　　　　图 3-35　绘制正多边形

（4）拉伸正四边形。

选中正四边形后将鼠标光标移动到 F 点，AutoCAD 自动弹出快捷菜单，选择【拉伸顶点】命令，再单击 E 点，用同样的方法拉伸 N 点到 M 点，结果如图 3-36 所示。

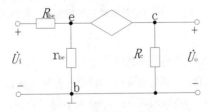

图 3-36　拉伸正四边形

（5）用 LINE 命令绘制四边形上下两顶点间的连接线，结果如图 3-32（b）所示。

2. 命令选项

- 输入侧面数：在此提示下，输入多边形的边数。
- 指定正多边形的中心点：在此提示下，输入要绘制的正多边形的中心点。

- 内接于圆(I)：系统以原指定的绘制正多边形的中心点，用内接圆的方式绘制正多边形。
- 外切于圆(C)：系统以原指定的绘制正多边形的中心点，用外切圆的方式绘制正多边形。
- 边(E)：指定绘制正多边形的一个基准边，系统将按指定的该基准边绘制正多边形。

3.5 曲线对象的绘制

圆、圆弧、圆环、椭圆等都是基本的曲线对象，AutoCAD 2010 为其提供了多种绘制方式，用户可根据不同的需要选择不同的方法，下面具体介绍此类曲线对象的绘制方法。

3.5.1 绘制圆

在 AutoCAD 2010 中提供了 6 种绘制圆的方法。

1. 命令启动方法

- 菜单命令：【绘图】/【圆】（6 种方式）。
- 功能区：【常用】选项卡中【绘图】面板上的◎按钮。
- 命令：CIRCLE。

【案例 3-12】 打开素材文件"dwg\第 3 章\3-12.dwg"，如图 3-37（a）所示，利用 CIRCLE 命令绘制电动机，完成电容运转电动机正反转自动控制图的绘制，结果如图 3-37（c）所示。

```
命令：_circle
指定圆的圆心或 [三点(3P)/两点(2P)/切点、切点、半径(T)]：3P
                                          //使用"两点(3P)"选项
指定圆上的第一个点：                       //单击 A 点，如图 3-37（b）所示
指定圆上的第二个点：                       //单击 B 点
指定圆上的第三个点：                       //单击 C 点
```

结果如图 3-37 右图所示。

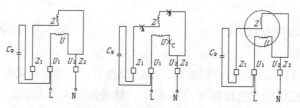

图 3-37 电容运转电动机正反转自动控制图

2. 命令选项

- 指定圆的圆心：指定将绘制的圆的圆心。
- 指定圆的半径或[直径(D)]：指定圆心后出现此选项，在此提示下，若直接输入数值，则为圆的半径，并按"圆心/半径"方式绘制圆；若输入字母"D"，则系统提示输入要绘制圆的直径，并按"圆心/直径"方式绘制圆。
- 三点(3P)：指定绘制圆的 3 个基点，并按三点法绘制圆。
- 两点(2P)：指定绘制圆的直径的两个基点，并按两点法绘制圆。
- 切点、切点、半径(T)：指定对象与圆的两个切点、圆的半径，以相切、相切、半径的方法绘制圆。

3.5.2　绘制圆弧

作为圆的一部分,圆弧也是实际绘图中经常遇到的曲线线条。

1. 命令启动方法

- 菜单命令：【绘图】/【圆弧】。
- 功能区：【常用】选项卡中【绘图】面板上的 按钮。
- 命令：ARC。

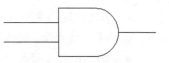

图 3-38　二极管与门

【**案例 3-13**】　利用圆弧命令绘制二极管与门，如图 3-38 所示。

（1）绘制线段，如图 3-39 所示。

命令: LINE	//输入 LINE 命令
指定第一点:	//指定点 B
指定下一点或 [放弃(U)]:10	//向左水平追踪并输入追踪距离
指定下一点或 [放弃(U)]:10	//向上垂直追踪并输入追踪距离
指定下一点或 [闭合(C)/放弃(U)]:　10	//向右水平追踪并输入追踪距离
指定下一点或 [闭合(C)/放弃(U)]:	//按 Enter 键结束

结果如图 3-39 所示。

（2）绘制圆弧，如图 3-40 所示。

命令: _arc	//绘制圆弧
指定圆弧的起点或 [圆心(C)]:	//指定点 B
指定圆弧的第二个点或 [圆心(C)/端点(E)]: _e	
指定圆弧的端点:	//指定点 A
指定圆弧的圆心或 [角度(A)/方向(D)/半径(R)]: _r	
指定圆弧的半径: 5	//输入半径按 Enter 键结束

结果如图 3-40 所示。

图 3-39　绘制线段

图 3-40　绘制圆弧

（3）捕捉图 3-40 左侧线段的中点 C，执行直线命令。

命令: _line	
指定下一点或 [放弃(U)]:2.5	//捕捉 C 点竖直向上追踪并输入追踪距离
指定下一点或 [放弃(U)]:12	//向左水平追踪并输入追踪距离
指定下一点或 [闭合(C)/放弃(U)]:	//按 Enter 键结束
命令: _line	
指定第一点:　2.5	//捕捉点 C 竖直向下追踪并输入追踪距离
指定下一点或 [放弃(U)]:12	//向左水平追踪并输入追踪距离
指定下一点或 [闭合(C)/放弃(U)]:	//按 Enter 键结束

捕捉图 3-40 右侧圆弧中点 D，执行直线命令。

命令: _line	
指定第一点:	//捕捉圆弧中点 D
指定下一点或 [放弃(U)]:8	//向右水平追踪并输入追踪距离
指定下一点或 [闭合(C)/放弃(U)]:	//按 Enter 键结束

结果如图 3-38 所示。

2. 命令选项

- 角度(A)：按指定包含角从起点向端点逆时针绘制圆弧。如果角度为负，将顺时针绘制圆弧。
- 方向(D)：绘制圆弧在起点处与指定方向相切。这将绘制从起点开始到端点结束的任何圆弧，而不考虑是劣弧、优弧还是顺弧、逆弧。从起点确定该方向。
- 半径(R)：从起点向端点逆时针绘制一条劣弧。如果半径为负，将绘制一条优弧。

3.5.3 绘制圆环

DONUT 命令用于创建填充圆环或实心填充圆。

命令启动方法如下。

- 菜单命令：【绘图】/【圆环】。
- 功能区：【常用】选项卡中【绘图】面板上的◎按钮。
- 命令：DONUT。

图 3-41　绘制圆环

【案例 3-14】　练习 DONUT 命令，如图 3-41 所示。

```
命令: _donut
指定圆环的内径 <16.0000>: 10              //输入内圆直径
指定圆环的外径 <30.0000>: 20              //输入外圆直径
指定圆环的中心点或<退出>:                 //单击一点
指定圆环的中心点或<退出>:                 //按 Enter 键结束
```

要点提示
默认的圆环是实心的，如果要画空心的，就在命令行中输入 FILLMODE，将其默认值 1 改为 0 即可。当 FILLMODE=1 时，圆环为实心；当 FILLMODE=0 时，圆环为空心。

3.5.4 绘制椭圆

1. 命令启动方法

- 菜单命令：【绘图】/【椭圆】。
- 功能区：【常用】选项卡中【绘图】面板上的◯按钮。
- 命令：ELLIPSE。

【案例 3-15】　打开素材文件"dwg\第 3 章\3-15.dwg"，如图 3-42（a）所示，利用 DONUT 命令完成异步电动机 Y—Δ 启动控制梯形图的绘制，结果如图 3-42（b）所示。

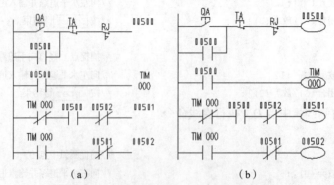

（a）　　　　　　　　　　　　　　（b）

图 3-42　异步电动机 Y-Δ 启动控制梯形图

（1）以 *B* 为端点作椭圆，步骤如下。

命令：_ellipse

指定椭圆的轴端点或 [圆弧(A)/中心点(C)]：_c　　　　　　//使用"中心点(C)"选项

指定椭圆的中心点：from　　　　　　　　　　　　　　　//键入 from 命令

基点：<偏移>：@5,0　　　　　　　　　　　　　　　　//单击 *B* 点并输入偏移距离

指定轴的端点：　　　　　　　　　　　　　　　　　　//指定点 *B*

指定另一条半轴长度或 [旋转(R)]：2　　　　　　　　//向上追踪并输入追踪距离，按 Enter 键

结果如图 3-43 所示。

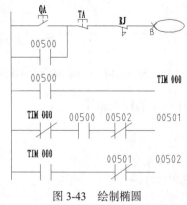

图 3-43　绘制椭圆

（2）用相同的方法绘制其余 3 个椭圆，结果如图 3-42（b）所示。

2. 命令选项

● 圆弧(A)：该选项使用户可以绘制一段椭圆弧。过程是先画一个完整的椭圆，随后 AutoCAD 提示用户指定椭圆弧的起始角及终止角。

● 中心点(C)：通过椭圆中心点及长轴、短轴来绘制椭圆。

● 旋转(R)：按旋转方式绘制椭圆，即 AutoCAD 将圆绕直径转动一定角度后，再投影到平面上形成椭圆。

3.6　样　条　曲　线

样条曲线用来绘制一条光滑的多段曲线，通常用来绘制图样中的波浪线。徒手绘图就是在绘图区域内移动鼠标光标，画出任意形状的线条或图形。AutoCAD 提供了徒手绘图命令 SKETCH，用 SKETCH 命令绘制出来的线条是由许多条小线段组成的，每条线段都可以被分离为独立的对象或多段线，这些小线段的长度可以通过记录增量来控制，使用较小的线段可以提高精度，但会明显增加图形文件的大小。

命令启动方法

● 菜单命令：【绘图】/【样条曲线】。

● 功能区：【常用】选项卡中【绘图】面板上的 ～ 按钮。

● 命令：SPLINE。

【案例 3-16】　打开素材文件 "dwg\第 3 章\3-16.dwg"，利用 SPLINE 命令绘制样条曲线，完成 XC2064 主并装载模式时序图的绘制，结果如图 3-44 所示。

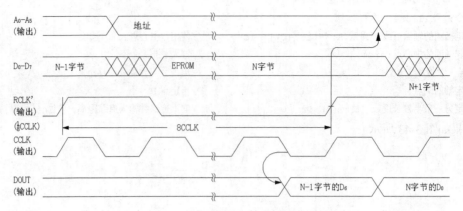

图 3-44　XC2064 的主并装载模式时序图

（1）用 SPLINE 命令绘制时序图上的样条曲线。

命令：_spline
当前设置：方式=拟合　节点=弦
指定第一个点或 [方式(M)/节点(K)/对象(O)]：　　　　　　　　//指定点 A
输入下一个点或 [起点切向(T)/公差(L)]：　　　　　　　　　　//指定点 B
输入下一个点或 [端点相切(T)/公差(L)/放弃(U)]：　　　　　//指定点 C
输入下一个点或 [端点相切(T)/公差(L)/放弃(U)/闭合(C)]：　　//指定点 D
输入下一个点或 [端点相切(T)/公差(L)/放弃(U)/闭合(C)]：　　//按 Enter 键

结果如图 3-45 所示。

（2）用复制命令（4.1.3 节将详细介绍）将样条曲线 *ABCD* 复制为样条曲线 *EF*，并用修剪命令打断两条曲线之间的线段，结果如图 3-46 所示。

图 3-45　绘制样条曲线　　　　　　　　　　　图 3-46　复制样条曲线并打断线段

（3）用与步骤 1、2 相同的方法绘制其余样条曲线，结果如图 3-44 所示。

3.7　图 案 填 充

图案填充广泛用于表达剖面、墙体用料等，在进行图案填充时，用户需要确定的内容有 3 个：填充区域、填充图案、选择图案方式。

3.7.1　创建图案填充

命令启动方法如下。

- 菜单命令：【绘图】/【图案填充】。
- 功能区：【常用】选项卡中【绘图】面板上的 按钮。
- 命令：HATCH。

【**案例 3-17**】　打开素材文件"dwg\第 3 章\3-17.dwg",如图 3-47（a）所示,使用 HATCH 命令填充交线的各连接点,结果如图 3-47（b）所示。

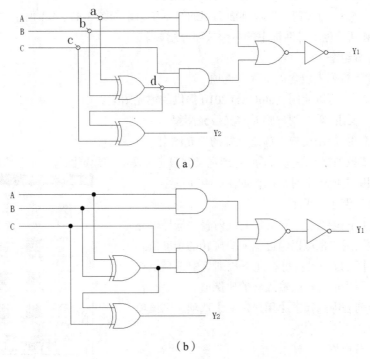

（a）

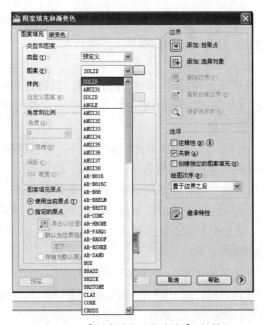

（b）

图 3-47　填充对象

（1）单击【常用】选项卡中【绘图】面板上的 ▨ 按钮,打开【图案填充和渐变色】对话框,在【图案】下拉列表中选择【SOLID】,如图 3-48 所示。

图 3-48　【图案填充和渐变色】对话框

（2）在【边界】分组框中单击▣（拾取点）按钮，则 AutoCAD 提示"拾取内部点或 [选择对象(S)/设置(T)]:"，移动鼠标光标到图 3-47（a）所示的需要填充的区域 a、b、c、d 点后分别单击鼠标左键，按 Enter 键，返回【图案填充和渐变色】对话框。

（3）单击 确定 按钮，完成剖面图案的绘制，结果如图 3-47（b）所示。

【图案填充和渐变色】对话框中的命令选项介绍如下。

1.【选项】分组框

(1)【类型】下拉列表包含以下 3 个选项。

- 【预定义】：可以使用 AutoCAD 2010 提供的填充图案。
- 【用户定义】：需要用户临时定义填充图案。
- 【自定义】：使用用户以前定义好的填充图案。

(2)【图案】下拉列表。它包含了所有预定义和自定义图案的预览图像。单击其右边的 ... 按钮，可打开【填充图案选项板】对话框，如图 3-49 所示。

2.【角度和比例】分组框

- 【角度】下拉列表：可在此下拉列表中选择填充图案的旋转角度，用户也可以自己输入要旋转的角度值。
- 【比例】下拉列表：可在此下拉列表中选择填充图案的比例值，用户也可自己输入新的比例值。不过，若在【类型】下拉列表中选择了【用户定义】选项，则该项不可用。

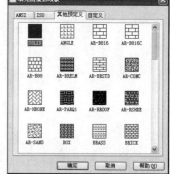

图 3-49 【填充图案选项板】对话框

3.【边界】分组框

- 【添加:拾取点】：单击▣按钮，然后在填充区域中单击一点，AutoCAD 就自动分析边界集，并从中确定包围该点的闭合边界。
- 【添加:选择对象】：单击▣按钮，然后选择对象作为填充边界，此时无需对象构成闭合的边界。
- 【删除边界】：填充边界中常常包含一些闭合区域，这些区域称为孤岛。若希望在孤岛中也填充图案，则单击▣按钮，选择要删除的孤岛。

4.【选项】分组框

- 【关联】：若图案与填充边界关联，则修改边界时图案将自动更新以适应新边界。
- 【创建独立的图案填充】：选择此选项，则一次在多个闭合边界创建的填充图案是各自独立的。否则，这些图案是单一对象。
- 【绘图次序】下拉列表：指定图案填充的创建顺序。默认情况下，图案填充绘制在填充边界的后面，这样比较容易查看和选择填充边界。通过该下拉列表用户可以更改图案填充的创建顺序，如将其绘制在填充边界的前面还是放在其他所有对象的后面或前面。

在【图案填充和渐变色】对话框中单击右下角的 ⊙ 按钮，完全展开对话框，显示【孤岛】分组框等，如图 3-50 所示。填充图案时，会遇到填充区域内存有对象的问题，即孤岛问题。CAD 给出了 3 种孤岛显示样式，介绍如下。

- 【普通】：从边界开始从外往里，每奇数个区域被填充。
- 【外部】：从边界开始从外往里，遇到内部边界时停止填充，其他不作填充。
- 【忽略】：对最外端边界所围成的全部区域进行图案填充。

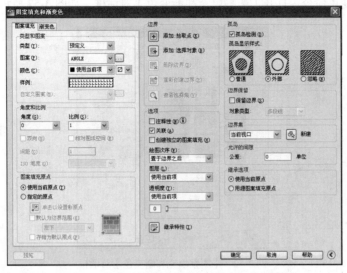

图 3-50 展开后的【图案填充和渐变色】对话框

3.7.2 渐变填充

"渐变色"可以使用一种或多种颜色来填充图形。

命令启动方法如下。

- 菜单命令:【绘图】/【渐变色】。
- 功能区:【常用】选项卡中【绘图】面板上的 ⬚ 按钮。
- 命令:GRADIENT。

【案例 3-18】 打开素材文件"dwg\第 3 章\3-18.dwg",如图 3-51(a)所示,利用 GRADIENT 命令对生活排水监控系统图中污水池的水单色渐变,结果如图 3-51(b)所示。

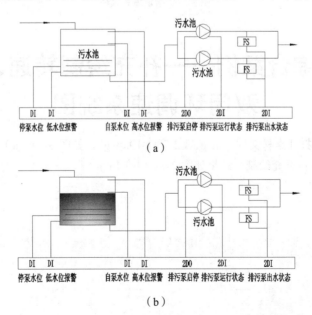

图 3-51 对生活排水监控系统图中污水池的水单色渐变

（1）启动渐变色命令，打开【图案填充和渐变色】对话框，如图 3-52 所示。

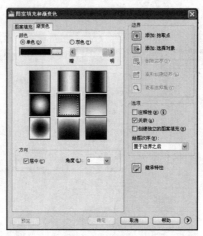

图 3-52　【图案填充和渐变色】对话框

（2）选择渐变色的种类█（第 2 排第 2 列），在【边界】面板中单击▣按钮（拾取点），移动鼠标光标到想要填充的区域 *A*，如图 3-53 所示，然后单击鼠标左键，结果如图 3-519（b）所示。

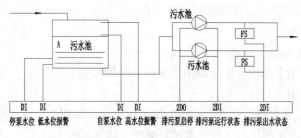

图 3-53　指定填充区域

3.8　综合案例——补充绘制转速、电流双闭环调速系统图

【案例 3-19】　打开素材文件"dwg\第 3 章\3-19.dwg"，如图 3-54（a）所示，对此转速、电流双闭环调速系统进行补充绘制，结果如图 3-54（b）所示。

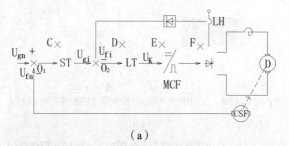

（a）

图 3-54　转速、电流双闭环调速系统

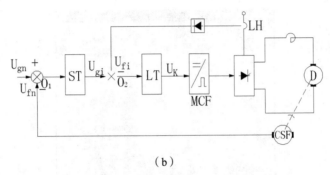

（b）

图 3-54　转速、电流双闭环调速系统（续图）

（1）创建"图层 1"，如图 3-55 所示。

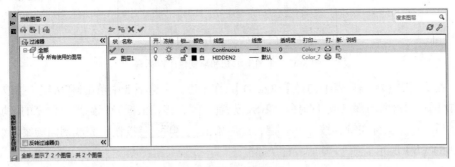

图 3-55　创建"图层 1"

（2）设定线型全局比例因子为 0.2，设定绘图区域大小为 100×100。

（3）打开极轴追踪、对象捕捉及自动追踪功能。设置极轴追踪角度增量为"90"，设定对象捕捉方式为全部。

（4）利用 CIRCLE、LINE 命令绘制半径为 3 的反馈节点，如图 3-56 所示。捕捉反馈节点的中心，将其复制到 O_1、O_2 处（复制命令在第 4 章中详细介绍），结果如图 3-57 所示。

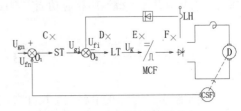

图 3-56　绘制反馈节点

图 3-57　移动并复制反馈节点

（5）利用 RECTANG 命令绘制 10×20 的矩形，如图 3-58 所示。然后将此矩形复制到 C、D、E、F 处，结果如图 3-59 所示。

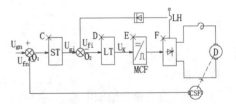

图 3-58　绘制矩形

图 3-59　移动并复制矩形

（6）启动图案填充命令，打开【图案填充和渐变色】对话框，如图 3-60 所示。

图 3-60　【图案填充和渐变色】对话框

（7）在【图案】下拉列表中选择【SOLID】，在【边界】选项卡中单击▦按钮（拾取点），则 AutoCAD 提示"拾取内部点或 [选择对象(S)/设置(T)]:"，移动鼠标光标到想要填充的区域（两个二极管）后，单击鼠标左键，按 Enter 键，最后单击 确定 按钮，完成剖面图案的绘制，结果如图 3-54（b）所示。

小　结

本章结合具体实例系统讲解了 AutoCAD 2010 的坐标系，详细阐述了对象捕捉、极轴追踪和自动追踪实现的光标精确定位功能以及点、线、矩形、正多边形、曲线等二维图形绘制命令的启动方法和具体使用，并分析了图案的填充实现及孤岛问题的解决，图文并茂、形象直观，便于读者短时间内掌握并能熟练运用相应功能实现简单二维电气图的绘制。

习　题

1. 绘制图 3-61 所示的电路图（尺寸自定）。

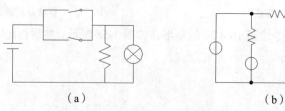

（a）　　　　　　　　　　　　　　　（b）

图 3-61　电路图

操作提示：
（1）利用直线命令绘制电源、连接线、电感、开关。
（2）利用圆命令绘制灯泡、静触点。
2. 绘制图 3-62 所示的逻辑图（尺寸自定）。

操作提示：

（1）利用直线命令绘制连接线。

（2）利用圆弧命令绘制与非门和或非门。

3. 绘制图 3-62 所示的异步电动机动力制动接线图（尺寸自定）。

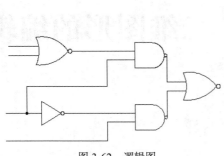

图 3-62　逻辑图

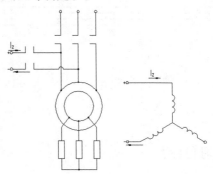

图 3-63　异步电动机动力制动接线图

操作提示：

（1）利用直线命令绘制连接线。

（2）利用圆命令绘制线圈和节点。

（3）利用圆弧命令绘制右侧的定子绕组。

（4）利用矩形命令绘制电阻。

（5）利用填充命令对节点进行填充。

4. 绘制图 3-64 所示的磁放大器基本结构图（尺寸自定）。

操作提示：

（1）利用直线命令绘制连接线。

（2）利用圆弧命令绘制线圈。

（3）利用矩形命令绘制电阻。

（4）利用多线命令绘制电磁铁。

5. 绘制图 3-65 所示的提升操作保护系统原理图（尺寸自定）。

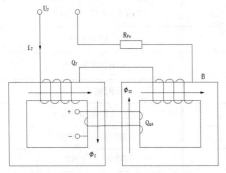

图 3-64　磁放大器基本结构图

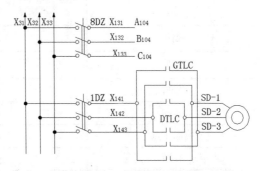

图 3-65　提升操作保护系统原理图

操作提示：

（1）利用圆或圆环命令绘制电动机。

（2）利用圆和直线命令绘制组合开关。

（3）利用直线命令绘制其他。

【学习目标】

- 掌握复制、移动及旋转对象命令。
- 掌握镜像、阵列及偏移对象命令。
- 掌握修剪、延伸及缩放对象命令。

在 AutoCAD 中，单纯的使用绘图工具只能创建出一些基本图形，要绘制复杂图形或对图形作一些修改，就必须借助图形编辑命令。常用的二维图形编辑命令如表 4-1 所示。

表 4-1 二维图形的编辑命令

二维图形的编辑	【修改】工具栏	命令行输入
删除		ERASE（E）
复制		COPY（CO）
镜像		MIRROR（MI）
偏移		OFFSET（O）
阵列		ARRAY（AR）
移动		MOVE（M）
旋转		ROTATE（RO）
缩放		SCALE（SC）
拉伸		STRETCH（S）
修剪		TRIM（TR）
延伸		EXTEND（EX）
打断于点		BREAK（BR）
打断		BREAK（BR）
合并		JOIN（J）
倒角		CHAMFER（CHA）
圆角		FILLETF（F）
分解		EXPLODE（X）

4.1　图形对象的基本编辑操作

AutoCAD 不但能绘制对象，而且还能对所绘对象进行编辑修改，如镜像、偏移、阵列、移动、旋转及缩放等。灵活运用修改命令对提高绘图速度有很大的帮助，下面将对其进行详细介绍。

4.1.1　镜像命令

对于对称图形，用户只需画出图形的一半即可，另一半可由 MIRROR 命令镜像出来。

命令启动方法

● 菜单命令：【修改】/【镜像】。

● 功能区：【常用】选项卡中【修改】面板上的 ⚠ 按钮。

● 命令：MIRROR 或简写 MI。

【案例 4-1】　打开素材文件"dwg\第 4 章\4-1.dwg"，如图 4-1（a）所示，用 MIRROR 命令将（a）修改为图（b）。

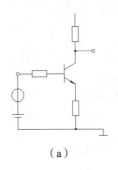
（a）
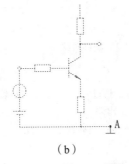
（b）
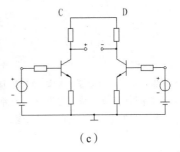
（c）

图 4-1　镜像对象

命令:MIRROR	//启动镜像命令
选择对象: 指定对角点: 找到 49 个	//框选图 4-1（b）所示的图形
选择对象:	//按 Enter 键
指定镜像线的第一点:	//拾取镜像线上的第一点 A
指定镜像线的第二点:	//沿 A 点垂直向上追踪，单击一点
要删除源对象吗? [是(Y)/否(N)] <N>:	//按 Enter 键，默认方式为不删除源对象
命令: line	//输入直线命令
LINE 指定第一点:	//单击 C 点，如图 4-1（c）所示
指定下一点或 [放弃(U)]:	//单击 D 点
指定下一点或 [放弃(U)]:	//按 Enter 键

结果如图 4-1（c）所示。

要点提示　　　对于文字的镜像，文字仍保持原貌，不改变其方向。

4.1.2　偏移命令

偏移命令是在指定方向上将所得到的图形相对于原图形偏移复制指定的距离，是一种特别的复制方式。

1. 命令启动方法

- 菜单命令：【修改】/【偏移】。
- 功能区：【常用】选项卡中【修改】面板上的 按钮。
- 命令：OFFSET 或简写 O。

【案例 4-2】　打开素材文件 "dwg\第 4 章\4-2.dwg"，如图 4-2（a）所示，用 OFFSET 命令将图（a）修改为图（b）。

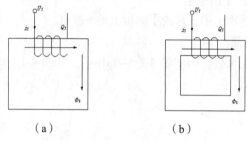

（a）　　　　　　　　　　　（b）

图 4-2　偏移对象

```
命令：OFFSET                                        //启动偏移命令
指定偏移距离或 [通过(T)/删除(E)/图层(L)] <通过>：4    //输入偏移距离
选择要偏移的对象，或 [退出(E)/放弃(U)] <退出>：       //选择矩形，如图 4-2（a）所示
指定要偏移的那一侧上的点，或 [退出(E)/多个(M)/放弃(U)] <退出>：
                                                   //在矩形内部单击一点
选择要偏移的对象，或 [退出(E)/放弃(U)] <退出>：       //按 Enter 键退出
```
结果如图 4-2（b）所示。

要点提示　　　　偏移圆时，得到的是半径不同的同心圆。

2. 命令选项

- 通过(T)：创建通过指定点的对象。
- 删除(E)：偏移源对象后将其删除。
- 图层(L)：确定将偏移对象创建在当前图层上还是源对象所在的图层上。
- 退出(E)：退出 OFFSET 命令。
- 多个(M)：输入"多个"偏移模式，这将使用当前偏移距离重复进行偏移操作。
- 放弃(U)：恢复前一个偏移。

4.1.3　复制命令

1. 命令启动方法

- 菜单命令：【修改】/【复制】。

- 功能区：【常用】选项卡中【修改】面板上的按钮。
- 命令：COPY 或简写 CO。

【案例 4-3】　打开素材文件 "dwg\第 4 章\4-3.dwg"，如图 4-3（a）所示，利用 COPY 命令绘制其直流通路和交流通路，结果分别如图 4-3（b）和图 4-3（c）所示。

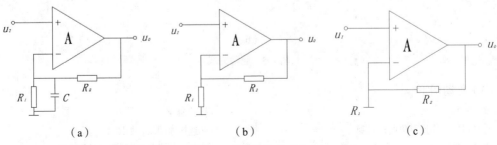

（a）　　　　　　　　　　　（b）　　　　　　　　　　　（c）

图 4-3　复制并修改对象

（1）复制图形。

命令：COPY	//键入命令 COPY
选择对象:指定对角点:找到 32 个	//框选图 4-3（a）所示的图形
选择对象:	//按 Enter 键
当前设置:复制模式 = 多个	
指定基点或[位移(D)/模式(O)]<位移>:	//单击图上任一点作为确定位置的标准点
指定第二个点或[阵列(A)]<使用第一个点作为位移>	//向右水平追踪，在适当位置单击一点
指定第二个点或[阵列(A)/退出(E)/放弃(U)]<退出>:	//继续向右水平追踪，在适当位置单击一点
指定第二个点或[阵列(A)/退出(E)/放弃(U)]<退出>:	//按 Enter 键结束

结果如图 4-4 所示。

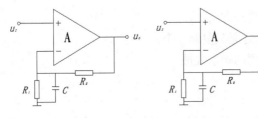

图 4-4　复制对象

（2）删除对象。

命令：erase	//键入删除命令
选择对象:指定对角点:找到 5 个	//框选图 4-4（b）所示的电容 C 及接线
选择对象:指定对角点:找到 5 个，总计 10 个	//框选图 4-4（b）所示的电容 C
选择对象:指定对角点:找到 2 个，总计 12 个	//框选图 4-4（b）所示的电阻 R_1
选择对象:	//按 Enter 键

结果如图 4-5 所示。图 4-5（b）所示即为直流通路图。

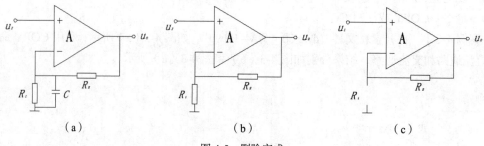

图 4-5　删除完成

（3）移动图形。

命令：MOVE　　　　　　　　　　　　　　　　　　　//移动命令
选择对象：指定对角点：找到 2 个　　　　　　　　//框选接地图块，如图 4-6 所示
选择对象：　　　　　　　　　　　　　　　　　　　//按 Enter 键完成要移动对象选择
指定基点或 [位移(D)] <位移>：　　　　　　　　　//单击任一点作为基点
指定第二个点或 <使用第一个点作为位移>：80　　//竖直向上拖动鼠标光标并输入距离

结果如图 4-3（c）所示，即为交流通路图。

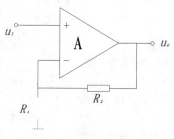

图 4-6　选择并移动

2. 命令选项

- 位移（D）：使用坐标指定相对距离和方向。
- 模式（O）：选择复制模式，是多个还是只复制一个。
- 阵列（A）：指定在线性阵列中排列的副本数量。

4.1.4　阵列命令

阵列分为矩形阵列和环形阵列两种方式。矩形阵列是通过控制行和列的数目以及行、列的间距来按多行和多列的方式实现对象的复制。环形阵列是按照用户指定的圆心为中心，在指定圆的圆周上对对象进行等距复制，并能设制复制对象的数目，决定是否旋转副本。

1. 命令启动方法

- 菜单命令：【修改】/【阵列】。
- 功能区：【常用】选项卡中【修改】面板上的 按钮。
- 命令行：ARRAY 或简写 AR。

【案例 4-4】　练习使用矩形阵列命令。

（1）打开素材文件"dwg\第 4 章\4-4.dwg"，如图 4-7（a）所示。

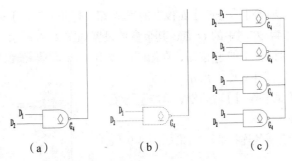

$$(a) \qquad\qquad (b) \qquad\qquad (c)$$

图 4-7 选取阵列对象并阵列

（2）单击【常用】选项卡中【修改】面板上的 ⊞ 按钮，打开【阵列】对话框，设置参数如图 4-8 所示。

（3）单击【阵列】对话框中的 ⊞ 按钮，在绘图区域中选取 OD 与非门及引脚与标注为阵列对象，如图 4-7（b）所示。

（4）按 Enter 键，返回【阵列】对话框，单击 确定 按钮，结果如图 4-7（c）所示。

2.【阵列】对话框命令选项

【阵列】对话框中矩形阵列相关命令选项的功能介绍如下。

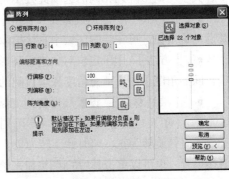

图 4-8 【阵列】对话框

● ⊞ （选择对象）按钮：单击该按钮，选取矩形阵列的对象。

● 【行数】：设置矩形阵列的行数。

● 【列数】：设置矩形阵列的列数。

● 【行偏移】：设置行间距。单击其后的 ⊞ 按钮，拾取行偏移，即临时关闭【阵列】对话框，这样可以使用定点设备来指定行间距。ARRAY 提示用户指定两个点，并使用这两个点之间的距离和方向来指定【行偏移】中的值。

● 【列偏移】：设置列间距。单击其后的 ⊞ 按钮，拾取列偏移，即临时关闭【阵列】对话框，这样可以使用定点设备来指定列间距。ARRAY 提示用户指定两个点，并使用这两个点之间的距离和方向来指定【列偏移】中的值。

● ⊞ 按钮：单击该按钮，可拾取两个偏移。即临时关闭【阵列】对话框，这样可以使用定点设备指定矩形的两个斜角，从而设置行间距和列间距。

● 【阵列角度】：设置阵列的旋转角度。

【案例 4-5】 练习使用环形阵列命令。

（1）打开素材文件 "dwg\第 4 章\4-5.dwg"，如图 4-9（a）所示。

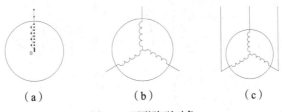

$$(a) \qquad\qquad (b) \qquad\qquad (c)$$

图 4-9 环形阵列对象

（2）单击【常用】选项卡中【修改】面板上的  按钮，打开【阵列】对话框，单击【中心点】后面的 按钮，拾取图 4-9 左图中的 O 点，其余参数设置如图 4-10 所示。

（3）单击【阵列】对话框中的 按钮，在绘图区域中选取线圈为阵列对象，如图 4-9（a）所示。

（4）按 Enter 键，返回【阵列】对话框，单击 确定 按钮，结果如图 4-9（b）所示。

（5）用 LINE 命令绘制各连接线，结果如图 4-9（c）所示。

【阵列】对话框中环形阵列相关命令选项的功能介绍如下，其中与矩形阵列相同的选项此处不再赘述。

图 4-10　【阵列】对话框

- 【中心点】：通过设置【X】和【Y】文本框中的值来确定环形阵列的中心点位置。单击其后的 按钮，可在绘图区域中直接拾取中心点。

- 【方法】：用于定位对象进行环形阵列的方法，有【项目总数和填充角度】、【项目总数和项目间的角度】及【填充角度和项目间的角度】3 个选项。

- 【项目总数】：设置环形阵列复制出的总数。

- 【填充角度】：通过定义环形阵列的第一个和最后一个对象间的角度来设置环形阵列的大小。逆时针旋转为正，顺时针旋转为负。系统默认为 360°，不允许设置其值为 0°。该值既可以直接设置，也可以单击其后的 按钮来拾取要填充的角度，此时会临时关闭【阵列】对话框，并定义阵列中第一个和最后一个之间的角度。

- 【项目间角度】：此值是根据填充角度和项目总数自动计算出来的，无需用户设置。

- 【复制时旋转项目】：若选择该复选项，则沿环形阵列方向旋转阵列对象；若不选择该选项，则不沿环形阵列方向旋转阵列对象。

- 详细(D) ⊗ 按钮：单击该按钮，展开【对象基点】分组框，该分组框用于设置操作对象的基准点。

4.1.5　分解命令

对复合对象进行操作时，可以先将其分解，可分解的对象包括块、多段线、矩形、关联矩阵等。命令启动方法如下。

- 菜单命令：【修改】/【分解】。
- 功能区：【常用】选项卡中【修改】面板上的 按钮。
- 命令行：EXPLODE 或简写 X。

【案例 4-6】　打开素材文件 "dwg\第 4 章\4-6.dwg"，如图 4-11（a）所示，用 EXPLODE 命令将其分解，然后修改文字，结果如图 4-11（b）所示。

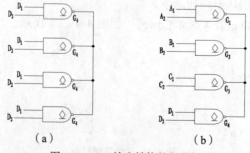

（a）　　　　　　　　　　　　　（b）

图 4-11　OD 输出结构的与非门

（1）分解阵列。

命令：EXPLODE   //输入分解命令

选择对象：找到 1 个   //选择图 4-11（a）所示的图块，按 Enter 键完成分解

（2）双击各文本框将其激活，修改文字（5.1 节将详细介绍），结果如图 4-11（b）所示。

4.1.6 移动命令

移动命令是在指定方向上按指定距离移动对象。移动对象仅仅是位置的平移，而不改变对象的方向和大小。

1. 命令启动方法

● 菜单命令：【修改】/【移动】。

● 功能区：【常用】选项卡中【修改】面板上的 ✥ 按钮。

● 命令行：MOVE 或简写 M。

【案例 4-7】   打开附盘 "dwg\第 4 章\4-7.dwg" 如图 4-12（a）所示，用 MOVE 命令移动图 4-12（a）右侧的电路图到标题栏内，结果如图 4-12（b）所示。

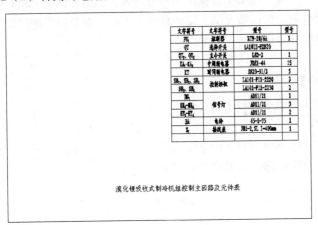
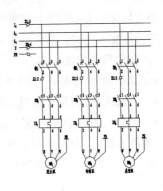

（a）

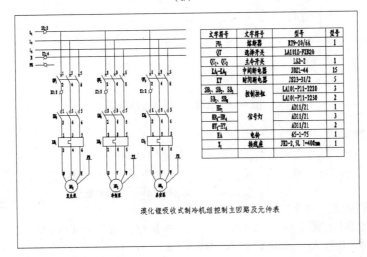

（b）

图 4-12 移动对象

命令：MOVE　　　　　　　　　　　　　　　　//键入移动命令

选择对象：指定对角点：找到 308 个　　　　　//框选图 4-12（a）右侧所示的电路图

选择对象：　　　　　　　　　　　　　　　//按 Enter 键完成选择

指定基点或 [位移(D)] <位移>：　　　　　　　//单击任一点作为移动基点

　　　　　　　　　　　　　　　　　　　　//指定第二个点或 <使用第一个点作为位移>：400

　　　　　　　　　　　　　　　　　　　　//向左水平移动鼠标光标并输入距离值，按 Enter 键完成操作

结果如图 4-12（c）所示。

2. 命令选项

● 指定基点：基点是移动对象的基准点，它可以指定在被移动的对象上，也可以指定不在被移动的对象上。

● 位移(D)：输入坐标以表示矢量，其坐标值将指定相对距离和方向。

4.1.7　旋转命令

旋转命令可以旋转图像，改变图形对象的方向。使用此命令时，用户指定旋转基点并输入旋转角度就可以转动图形对象。此外，也可以以某个方位作为参考位置，然后选择一个新对象或输入一个新角度值来指明要旋转到的位置。默认情况下，旋转角度为正时，对象将沿逆时针方向旋转；旋转角度为负时，对象将沿顺时针方向旋转。

1. 命令启动方法

● 菜单命令：【修改】/【旋转】。

● 功能区：【常用】选项卡中【修改】面板上的 ○ 按钮。

● 命令：ROTATE 或简写 RO。

【案例 4-8】　打开素材文件 "dwg\第 4 章\4-8.dwg"，如图 4-13（a）所示，用旋转、移动等编辑命令与直线命令绘制单项桥式整流电路，结果如图 4-13（b）所示。

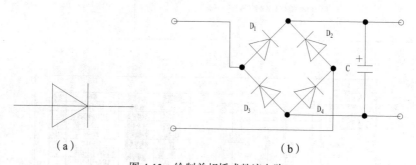

（a）　　　　　　　　　　　　　　　　（b）

图 4-13　绘制单相桥式整流电路

（1）复制二极管。

命令：COPY　　　　　　　　　　　　　　　//键入复制命令

选择对象：指定对角点：找到 5 个　　　　　//框选图 4-13（a）所示的二极管

选择对象：　　　　　　　　　　　　　　　//按 Enter 完成对象选择

当前设置：　复制模式 = 多个

指定基点或 [位移(D)/模式(O)] <位移>：　　//单击 A 点，如图 4-14（b）所示

指定第二个点或 [阵列(A)] <使用第一个点作为位移>：120

　　　　　　　　　　　　　　　　　　　　//向右水平移动鼠标光标，输入线段长度并按 Enter 键

指定第二个点或 [阵列(A)/退出(E)/放弃(U)] <退出>：240

　　　　　　　　　　　　　　　　　　//向右水平移动鼠标光标,输入线段长度并按 Enter 键
指定第二个点或 [阵列(A)/退出(E)/放弃(U)] <退出>:360
　　　　　　　　　　　　　　　　　　//向右水平移动鼠标光标,输入线段长度并按 Enter 键
指定第二个点或 [阵列(A)/退出(E)/放弃(U)] <退出>:*取消*　//按 Enter 键结束
结果如图 4-14 所示。

图 4-14　复制二极管

（2）旋转对象。

命令:ROTATE　　　　　　　　　　　//键入旋转命令
UCS 当前的正角方向: ANGDIR=逆时针 ANGBASE=0
选择对象:指定对角点:找到 5 个　　　//框选图 4-14 最左侧的二极管
选择对象:　　　　　　　　　　　　//按 Enter 键完成选择
指定基点:　　　　　　　　　　　　//单击图 4-14 所示的 A 点
指定旋转角度,或 [复制(C)/参照(R)] <315>: 135
　　　　　　　　　　　　　　　　　　//输入旋转角度,按 Enter 键完成旋转

　　用同样的方法旋转其他二极管,旋转角度从左到右分别为 135°、45°、45°,结果如图 4-15 所示。

图 4-15　旋转二极管

（3）移动对象。

命令:_move　　　　　　　　　　　//键入移动命令
选择对象:指定对角点:找到 5 个　　　//选择图 4-15 最左边的二极管
选择对象:　　　　　　　　　　　　//按 Enter 键完成对象选择
指定基点或 [位移(D)] <位移>:　　　//单击该二极管附近的任一点作为基点
指定第二个点或 <使用第一个点作为位移>:
　　　　　//拖动鼠标光标,直到第 1 个二极管与第 4 个二极管垂直相交,如图 4-16（a）所示
用相同的方法移动图 4-15 中的第 2 个和第 3 个二极管,结果如图 4-16（b）所示。

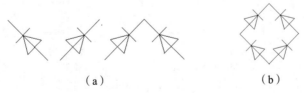

（a）　　　　　　　　　　　　　　（b）

图 4-16　移动二极管

　　（4）用 LINE 命令绘制电容及其各连接线,用圆命令绘制各节点,并填充节点圆,最后添加注释（5.3 节将详细介绍）,结果如图 4-13（b）所示。

　　2. 命令选项
　　● 指定旋转角度:指定旋转基点并输入绝对旋转角度来旋转实体。
　　● 复制(C):旋转对象的同时复制对象。

● 参照(R)：指定某个方向作为起始参照角，然后输入新角度值来指明要旋转到的位置。

4.1.8 缩放命令

缩放命令可以将对象按指定的比例因子相对于基点放大或缩小，也可以把对象缩放到指定的尺寸，缩放后对象的比例保持不变。

1. 命令启动方法

● 菜单命令：【修改】/【缩放】。
● 功能区：【常用】选项卡中【修改】面板上的 按钮。
● 命令：SCALE 或简写 SC。

【**案例 4-9**】 打开素材文件"dwg\第 4 章\4-9.dwg"，如图 4-17（a）所示，图中电阻与电路其他部分的尺寸不协调，将其缩小为原来的 1/2，结果如图 4-17（b）所示。

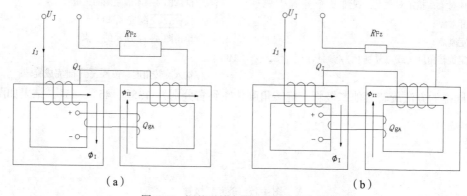

图 4-17 调整磁放大器电路图中的电阻

（1）缩小电阻。

命令：SCALE	//启动缩放命令
选择对象：找到 1 个	//选择图 4-17（a）所示的电阻
选择对象：	//按 Enter 键完成选择
指定基点：	//捕捉图 4-18（a）所示的 A 点为基点
指定比例因子或 [复制(C)/参照(R)]：0.5	//输入比例因子，按 Enter 键完成缩放

结果如图 4-18（b）所示。

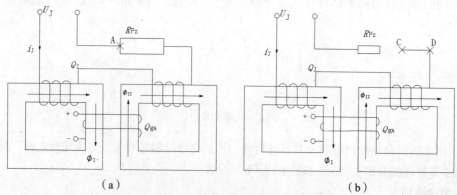

图 4-18 缩小电阻

（2）延伸线段 *CD* 到电阻，结果如图 4-17（b）所示。

2. 命令选项

● 指定基点：指定的基点是指在比例缩放中的基准点（即缩放中心点），并保持不变。拖动鼠标光标时，对象将按照移动鼠标光标的幅度放大或缩小。

● 指定比例因子：直接输入缩放比例因子，AutoCAD 根据此比例因子缩放图形。大于 1 的比例因子使对象放大，介于 0 和 1 之间的比例因子使对象缩小。

● 复制(C)：缩放对象的同时复制对象。

● 参照(R)：以参照方式缩放图形。AutoCAD 根据用户输入的参考长度及新长度，把新长度与参考长度的比值作为缩放比例因子进行缩放。

4.1.9　拉伸命令

拉伸命令可以一次将多个图形对象沿指定的方向和角度拉长或缩短，编辑过程中必须用交叉窗口选择对象，除被选中的对象外，其他图元的大小及相互间的几何关系保持不变。

1. 命令启动方法

● 菜单命令：【修改】/【拉伸】。

● 功能区：【常用】选项卡中【修改】面板上的 按钮。

● 命令：STRETCH 或简写 S。

【案例 4-10】　打开素材文件 "dwg\第 4 章\4-10.dwg"，如图 4-19（a）所示，此图中等效电流源的尺寸明显不协调，用 STRETCH 命令将其拉伸，以使整个电路图布局美观，结果如图 4-19（b）所示。

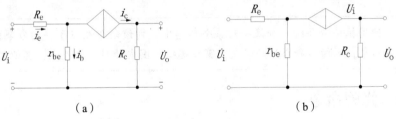

（a）　　　　　　　　　　　　（b）

图 4-19　拉伸对象

命令：STRETCH　　　　　　　　　　　//启动拉伸命令
以交叉窗口或交叉多边形选择要拉伸的对象...
选择对象：指定对角点：找到 3 个　　　//用交叉窗口选择等效电流源的下侧两边及竖线
选择对象：　　　　　　　　　　　　　//按 Enter 键
指定基点或 [位移(D)] <位移>：　　　 //单击图 4-20（a）所示的 A 点
指定第二个点或 <使用第一个点作为位移>：　<正交 开> 3
　　　　　　　　　　　　　　　　　　//垂直向上移动鼠标光标，输入拉伸长度并按 Enter 键

结果如图 4-20（b）所示。

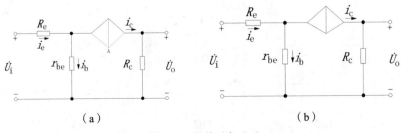

（a）　　　　　　　　　　　　（b）

图 4-20　拉伸对象（1）

命令: stretch   //按 Enter 键重复拉伸命令

以交叉窗口或交叉多边形选择要拉伸的对象...

选择对象: 指定对角点: 找到 3 个   //用交叉窗口选择等效电流源的上侧两边及竖线

选择对象: //按 Enter 键

指定基点或 [位移(D)] <位移>:   //单击如图 4-21（a）所示的 B 点

指定第二个点或 <使用第一个点作为位移>: 3

//垂直向下移动鼠标光标，输入拉伸长度并按 Enter 键

结果如图 4-21（b）所示。

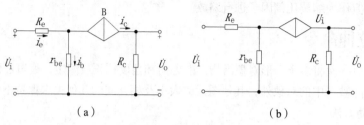

图 4-21　拉伸对象（2）

2. 命令选项

- 指定基点或[位移(D)]：指定基点或输入位移坐标。
- 指定第二个点或<使用第一个点作为位移>：指定第二点，或者按 Enter 键使用以前的坐标作为位移。

 使用拉伸命令时，如果将对象全部选中，则该命令相当于移动命令；如果选择了部分对象，则拉伸命令只移动交叉窗口选择范围内的对象的端点，其他端点保持不变。

4.1.10　修剪命令

修剪命令是用由其他对象定义的边界修剪对象，可以修剪的对象包括圆弧、圆、椭圆弧、直线、开放的二维和三维多线段、射线、样条曲线及参照线。

1. 命令启动方法

- 菜单命令：【修改】/【修剪】。
- 功能区：【常用】选项卡中【修改】面板上的按钮。
- 命令：TRIM 或简写 TR。

【案例 4-11】 打开素材文件"dwg\第 4 章\4-11.dwg"，如图 4-22（a）所示，用修剪命令将图（a）修改为图（c）。

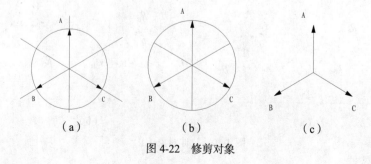

图 4-22　修剪对象

（1）修剪射线。

命令：trim　　　　　　　　　　　　　　　　　//键入修剪命令

当前设置:投影=UCS，边=无

选择剪切边...

选择对象或 <全部选择>：　　　　　　　　　　//按 Enter 键全部选择

选择要修剪的对象，或按住 Shift 键选择要延伸的对象，或[栏选(F)/窗交(C)/投影(P)/边(E)/删除(R)/放
弃(U)]：　　　　　　　　　　　　　　　　//单击圆外的射线，结果如图 4-22（b）所示

选择要修剪的对象，或按住 Shift 键选择要延伸的对象，或[栏选(F)/窗交(C)/投影(P)/边(E)/删除(R)/放
弃(U)]：　　　　　　　　　　　　　　　　//再次单击圆里边的多余部分

选择要修剪的对象，或按住 Shift 键选择要延伸的对象，或[栏选(F)/窗交(C)/投影(P)/边(E)/删除(R)/放
弃(U)]：　　　　　　　　　　　　　　　　//按 Enter 键退出修剪命令

（2）删除圆。

命令：ERASE　　　　　　　　　　　　　　　//键入删除命令

选择对象：找到 1 个　　　　　　　　　　//选择图 4-22（b）所示的圆，按 Enter 键完成删除任务

结果如图 4-22（c）所示。

要点提示　剪切过程应该是先剪切圆外部的射线再剪切圆内部的射线段。若先剪切圆内部的射线段，圆外部的射线段则会因为没有剪切边而无法剪切掉。

2. 命令选项

- 选择要修剪的对象，或按住 Shift 键选择要延伸的对象：此选项提供了一种在修剪和延伸之间切换的简便方法。
- 栏选(F)：选择与选择栏相交的所有对象。选择栏是一系列临时线段，它们是用两个或多个栏选点指定的。选择栏不构成闭合环。
- 窗交(C)：选择矩形区域（由两点确定）内部或与之相交的对象。
- 投影(P)：指定修剪对象时使用的投影方式。输入 "P" 即选择该选项，系统将提示 "输入投影选项 [无(N)/UCS(U)/视图(V)] <UCS>:"。

  无(N)：指定无投影。该命令只修剪与三维空间中的剪切边相交的对象。

  UCS(U)：指定在当前用户坐标系 xy 平面上的投影，该命令将修剪不与三维空间中的剪切边相交的对象。

  视图(V)：指定沿当前观察方向的投影，该命令将修剪与当前视图中的边界相交的对象。
- 边(E)：确定对象是在另一对象的延长边处进行修剪，还是仅在三维空间中与该对象相交的对象处进行修剪。输入 "E" 即选择该项，系统将提示 "输入隐含边延伸模式 [延伸(E)/不延伸(N)] <不延伸>:"。

  延伸(E)：沿自身自然路径延伸剪切边使它与三维空间中的对象相交。

  不延伸(N)：指定对象只在三维空间中与其相交的剪切边处修剪。
- 删除(R)：删除选定的对象。此选项提供了一种用来删除不需要的对象的简便方式，而无需退出 TRIM 命令。
- 放弃(U)：撤销由 TRIM 命令所做的最近一次更改。

4.1.11 延伸命令

延伸命令可以将线段、曲线等对象延伸到一个边界对象，使其与边界对象相交。有时对象延伸后并不与边界直接相交，而是与边界的延长线相交。

1. 命令启动方法

- 菜单命令：【修改】/【延伸】。
- 功能区：【常用】选项卡中【修改】面板上的 — 按钮。
- 命令：EXTEND 或简写 EX。

【**案例 4-12**】 打开素材文件"dwg\第 4 章\4-12.dwg"，如图 4-23（a）所示，用延伸命令修改该电路图，完善连接线，结果如图 4-23（c）所示。

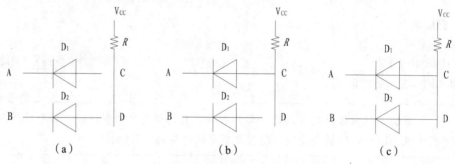

图 4-23 延伸对象

命令：EXTEND	//键入延伸命令
当前设置：投影=UCS，边=无	
选择边界的边...	//单击线段 CD
选择对象或 <全部选择>：找到 1 个	
选择对象：	//按 Enter 键完成选择
选择要延伸的对象，或按住 Shift 键选择要修剪的对象，或[栏选(F)/窗交(C)/投影(P)/边(E)/放弃(U)]：	//单击二极管 A 的引脚，结果如图 4-23（b）所示
选择要延伸的对象，或按住 Shift 键选择要修剪的对象，或[栏选(F)/窗交(C)/投影(P)/边(E)/放弃(U)]：	//单击二极管 B 的引脚

结果如图 4-23（c）所示。

2. 命令选项

- 选择边界的边：使用选定对象来定义对象延伸到的边界。
- 选择要延伸的对象：指定要延伸的对象，按 Enter 键结束命令。
- 按住 Shift 键选择要修剪的对象：将选定对象修剪到最近的边界而不是将其延伸，这是在修剪和延伸之间切换的简便方法。
- 栏选(F)/窗交(C)/投影(P)/边(E)：同修剪命令对应的各选项。
- 放弃(U)：放弃最近由 EXTEND 所作的更改。

4.1.12 打断命令

打断命令可以在对象上的两个指定点之间创建间隔，从而将对象打断为两个对象。如果这些点不在对象上，就会自动投影到该对象上。打断命令通常用于为块或文字创建空间。打断于点命令与打断命令类似，两者的命令输入也一致，都为 BREAK，但是打断于点命令常用于在单个点处打断选定的对象，而打断命令常用于打断两点之间的对象，下面将重点介绍打断命令。

1. 命令启动方法

- 菜单命令：【修改】/【打断】。
- 功能区：【常用】选项卡中【修改】面板上的 按钮。
- 命令行：BREAK 或简写 BR。

【案例 4-13】 绘制基本 RC 串联电路，如图 4-24 所示。

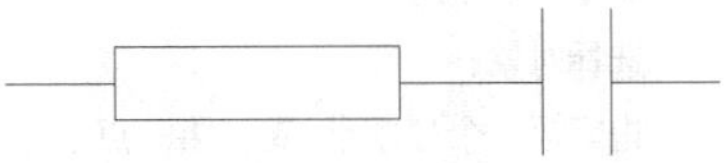

（1）设定绘图区域大小为 300 × 200。

（2）绘制导线、电阻、电容等，如图 4-24 所示。

图 4-24　绘制基本 RC 串联电路

① 绘制导线。

命令：L	//输入直线命令
LINE 指定第一点：	//在绘图区的适当位置单击一点
指定下一点或 [放弃(U)]： 100	//向右水平拖动鼠标光标并输入距离值
指定下一点或 [放弃(U)]：	//按 Enter 键结束

② 绘制电阻。

命令：RECTANG	//输入矩形命令
指定第一个角点或 [倒角(C)/标高(E)/圆角(F)/厚度(T)/宽度(W)]：	
	//在绘图区的适当位置单击一点
指定另一个角点或 [面积(A)/尺寸(D)/旋转(R)]： @40,10	
	//指定另一个角点的偏移距离，并按 Enter 键结束

③ 绘制电容。

命令：L	//输入直线命令
_line 指定第一点：	//在绘图区的适当位置单击一点
指定下一点或 [放弃(U)]： 20	//向下垂直移动鼠标光标，输入线段长度并按 Enter 键
指定下一点或 [放弃(U)]：	//按 Enter 键退出直线命令
命令：	//按 Enter 键重复命令
_line 指定第一点： 10	//捕捉刚绘制线段的上端点，向右水平移动鼠标光标并输入距离
指定下一点或 [放弃(U)]： 20	
	//向下垂直移动鼠标光标，输入线段长度并按 Enter 键
指定下一点或 [放弃(U)]：	//按 Enter 键退出直线命令

④ 移动电阻、电容到线段的适当位置。

命令：MOVE	//输入移动命令
选择对象：找到 1 个	//选择电阻
选择对象：	//按 Enter 键完成选择
指定基点或 [位移(D)] <位移>：	//拾取矩形左侧边的中点 A
指定第二个点或 <使用第一个点作为位移>:15	
//捕捉导线的左端点，向右水平移动鼠标光标，输入第二点距离，并按 Enter 键完成操作	
指定第二个点或 <使用第一个点作为位移>：	//按 Enter 键退出移动命令

用同样的方法移动电容，C 点与 B 点相距 20。

结果如图 4-25 所示。

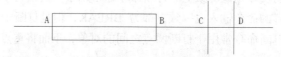

图 4-25　绘制线段、矩形及电容等

（3）打断。

命令：BREAK　　　　　　　　　　　　　　　//启动打断命令
选择对象：　　　　　　　　　　　　　　　//选择导线
指定第二个打断点 或 [第一点(F)]:F　　　//使用"第一点(F)"选项
指定第一个打断点：　　　　　　　　　　　//捕捉 A 点
指定第二个打断点：　　　　　　　　　　　//捕捉 B 点

用同样的方法打断 CD 间的线段，结果如图 4-24 所示。

　　　　在确定第二打断点时，如果在命令行输入"@"，那么第一打断点与第二打断点重合，从而将对象一分为二，相当于执行了打断于点命令。如果对圆、矩形等封闭图形使用打断命令，那么 AutoCAD 将沿逆时针方向把第一打断点到第二打断点之间的那段圆弧删除。

2. 命令选项

● 选择对象：选择要打断的对象。

● 指定第二个打断点：在图形对象上选取第二点后，AutoCAD 将第一打断点与第二打断点间的部分删除。

● 第一点(F)：利用该选项指定第一打断点。

4.1.13　合并命令

合并命令与打断命令意义相反，用来合并线性和弯曲对象的端点，以便创建单个对象。

1. 命令启动方法

● 菜单命令：【修改】/【合并】。

● 功能区：【常用】选项卡中【修改】面板上的 ⁺⁺ 按钮。

● 命令：JOIN 或简写 J。

【案例 4-14】　打开素材文件"dwg\第 4 章\4-14.dwg"，如图 4-26（a）所示，用 JOIN 命令将二极管与电阻连接，并用 LINE 命令连接其他部分，结果如图 4-26（b）所示。

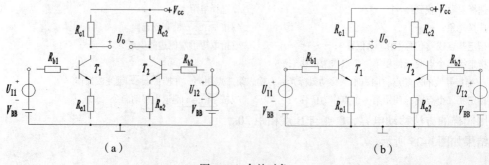

（a）　　　　　　　　　　　　　　　（b）

图 4-26　合并对象

（1）将图 4-26（a）所示电路图中的最左侧电阻 R_{b1} 与晶体管 T_1 基极相连。

命令：JOIN　　　　　　　　　　　　　　　//启动合并命令

选择源对象或要一次合并的多个对象：找到 1 个　　　//选择电阻 R_{b1} 右侧的线段

选择要合并的对象：找到 1 个，总计 2 个　　　　//选择晶体管 T_1 基极线段

选择要合并的对象：　　　　　　　　　　//按 Enter 键

（2）用相同的方法完成图中其他部分的合并，并用 LINE 命令将其连接，结果如图 4-26（b）所示。

要点提示　　　绘制电路图时，若图中包括多个相同的器件，可采用复制命令复制它们，然后用合并命令合并各连接线。

2. 命令选项

- 选择源对象：这里的源对象是指定可以合并其他对象的单个源对象。按 Enter 键选择源对象，以开始选择要合并的对象。
- 要一次合并的多个对象：合并多个对象时，无需指定源对象。

4.2 使 用 图 块

对于重复使用的图形（如电气制图中的各种电器符号、电器图组，建筑制图中的桌椅、固定装饰，机械制图中的粗糙度符号等）绘制一次即可，并将它们创建成图块。当用到时，只需插入已定义的图块即可。

4.2.1 创建块

创建块是图块操作的前提，首先要将用户认为可能重复出现的复杂图形作为一个整体保存起来，这便用到了"块"，下面具体介绍图块的创建。

1. 命令启动方式

- 菜单命令：【绘图】/【块】/【创建】。
- 功能区：【常用】选项卡中【块】面板上的 ⬚ 按钮。
- 命令：BLOCK。

【案例 4-15】　创建图块。

（1）打开素材文件 "dwg\第 4 章\4-15.dwg"，如图 4-27 所示。

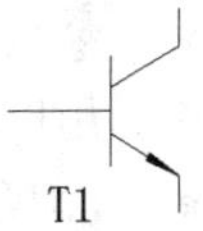

（2）单击【常用】选项卡中【块】面板上的 ⬚ 按钮，或者输入 BLOCK 命令，打开【块定义】对话框，在【名称】栏中输入块名字"晶体管 T1"，如图 4-28 所示。

T1

图 4-27　晶体管

（3）选择构成块的图形元素。单击 ⬚ 按钮（选择对象），AutoCAD 返回绘图窗口，并提示"选择对象"，选择全部图像如图 4-29 所示。

（4）指定块的插入基点。单击 ⬚（拾取点）按钮，返回绘图窗口，并提示指定插入基点 A，如图 4-29 所示。

（5）单击 ⬚ 确定 ⬚ 按钮，生成图块。

图 4-28 【块定义】对话框

图 4-29 选择对象

2. 命令选项

【块定义】对话框中命令选项的功能介绍如下。

- 【名称】：输入块的名称，最多可以使用 255 字符。
- 【基点】：设置图块插入的基点位置，用户可以直接在【X】、【Y】、【Z】文本框中输入数值，也可以选中【在屏幕上指定】复选项，还可以单击 📷（拾取点）按钮，选择基点，用于图形插入过程中进行旋转或调整比例的基准点。
- 【对象】：单击 📷（选择对象）按钮，可以切换到绘图窗口来选择组成块的对象。后面的 📝 按钮是"快速选择"按钮，可以使用【快速选择】对话框（见图 4-28）来设置所选择对象的过滤条件。
- 【保留】：创建块以后，将选定对象保留在图形中作为区别对象。
- 【转换为块】：用于确定创建块后是否将组成块的各对象保留并把它们转换成块。
- 【删除】：用于确定创建块后是否删除绘图窗口上组成块的原对象。

3. 快速选择

快速选择是指通过根据某种过滤条件，选择具有相同特性的图形元素的选择方法，它对于大型图形需要选择元素较多时很有用，可以节省大量时间。在【块定义】对话框中单击 📝 按钮，打开【快速选择】对话框，如图 4-30 所示。该对话框中各选项的功能介绍如下。

- 【应用到】下拉列表：将过滤条件应用到整个图形或当前选择集（如果存在）。如果选择了【附加到当前选择集】，过滤条件将应用到整个图形。
- 📷（选择对象）按钮：单击此按钮，关闭【快速选择】对话框，用户可以自由选择要对其应用过滤条件的对象。
- 【对象类型】下拉列表：指定要包含在过滤条件中的对象类型。如果过滤条件正应用于整个图形，则【对象类型】下拉列表包含全部的对象类型，包括【自定义】。否则，该列表只包含选定对象的对象类型。

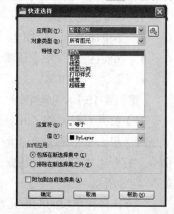

图 4-30 【快速选择】对话框

- 【特性】列表框：指定过滤器的对象特性。此列表框中包括选定对象类型的所有可搜索特性。选定的特性决定【运算符】和【值】下拉列表中的可用选项。
- 【运算符】下拉列表：控制过滤的范围。根据选定的特性，下拉列表中的选项可包括【等于】、【不等于】、【大于】、【小于】和【* 通配符匹配】。【* 通配符匹配】只能用于可编辑的文字字段。使用【全部选择】选项将忽略所有特性过滤器。

- 【值】下拉列表：指定过滤器的特性值。

- 【如何应用】分组框：指定是将符合给定过滤条件的对象包括在新选择集内还是排除在新选择集之外。选择【包括在新选择集中】单选项，将创建其中只包含符合过滤条件的对象的新选择集。选择【排除在新选择集之外】单选项，将创建其中只包含不符合过滤条件的对象的新选择集。

- 【附加到当前选择集】：指定是由 QSELECT 命令创建的选择集替换还是附加到当前选择集。

4.2.2 将块保存为文件

用户在创建好块时，有时需要将块保存为文件写入磁盘。在 AutoCAD 2010 中可以使用 WBLOCK 命令将块以文件的形式写入磁盘。

命令启动方法如下。

- 命令：WBLOCK。

【案例 4-16】 将块保存为文件。

（1）继续上一节创建块状态，键入命令 WBLOCK，系统弹出【写块】对话框，如图 4-31 所示。

（2）在【源】分组框中选择【块】单选项，然后打开其下拉列表找到电路的块名"晶体管 T1"，选择所存文件路径，单击 确定 按钮，完成写块操作。

【写块】对话框中命令选项的功能介绍如下。

- 【块】：用于将创建的块写入磁盘，可以在其下拉列表中选择块的名称。

图 4-31 【写块】对话框

- 【整个图形】：用于将全部图形写入磁盘。

- 【对象】：用于指定需要写入磁盘的块对像。

- 【目标】：在选项组中可以设置块的保存名称和位置，【文件名和路径】用于输入文件的名称和保存位置，也可以单击其后的 按钮，打开【浏览文件夹】对话框，设置文件的保存位置。【插入单位】用于选择从 AutoCAD 设计中心中拖动块时的缩放单位。

4.2.3 插入块

创建好图块以后可以在重复使用的图形"插入块"。下面介绍插入块的具体步骤。

命令启动方法如下。

- 菜单命令：【插入】/【块】。

- 功能区：【常用】选项卡中【块】面板上的 按钮。

【案例 4-17】 练习块插入操作。

（1）打开素材文件"dwg\第 4 章\4-17.dwg"，如图 4-32 所示。

（2）单击【常用】选项卡中【块】面板上的 按钮，打开【插入】对话框，如图 4-33 所示。

（3）单击 浏览(B)... 按钮，选择要插入的块"晶体管 T1"，

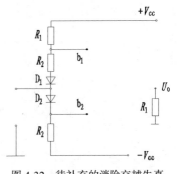

图 4-32 待补充的消除交越失真的互补输出级电路

再单击 [确定] 按钮，系统自动返回到绘图区，单击插入图块的位置 b_1、b_2，完成插入块操作，结果如图 4-34 所示。

（4）用直线、圆及填充命令补充全图，结果如图 4-35 所示。

图 4-33　【插入块】对话框

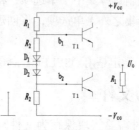
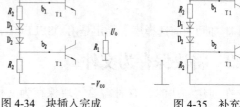

图 4-34　块插入完成　　　　图 4-35　补充连接线

【插入】对话框中命令选项的功能介绍如下。

- 【名称】：选择用户创建的图块的名称，也可以单击其后的 [浏览 (B)...] 按钮，打开【选择图形文件】对话框，从保存的图形中选择。

- 【插入点】：设置块的插入点位置。用户可以直接在【X】、【Y】、【Z】文本框中输入数值，也可以选中【在屏幕上指定】复选项。

- 【比例】：可直接在【X】、【Y】、【Z】文本框中输入数值，也可以选中【在屏幕上指定】复选项。其中下方有【统一比例】复选项，选中它表示 x、y、z 方向的插入比例是相同的，用户只需要在【X】文本框内输入比例值即可。

- 【旋转】：设置块插入的旋转角度。

- 【分解】：可以将插入的块分解成构成块的个体对象。

4.2.4　分解块

图块插入之后不能与其他图形进行运算，为了能进行修改操作，必须先把图块还原成单个的对象。

命令启动方法如下。

- 菜单命令：【修改】/【分解】。
- 功能区：【常用】选项卡中【修改】面板上的 按钮。
- 命令：EXPLODE 或简写 X。

【案例 4-18】　打开素材文件"dwg\第 4 章\4-18.dwg"，如图 4-36（a）所示，分解块并修改，将图（a）修改为图（b）。

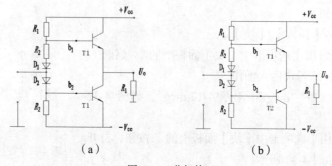

（a）　　　　　　　　　　　　（b）

图 4-36　分解块

（1）分解图 4-36 中的图块 T1。

命令：_explode　　　　　　　　　　　　//输入分解命令

选择对象：找到 1 个

　　　　　　　　　　　　　　　　　　//选择块 T1，按 Enter 完成块分解

双击最下面的文字"T1"，将其修改为"T2"，结果如图 4-37（a）所示。

（2）用镜像命令和旋转命令将晶体管 T2 的发射级和集电极进行修改。

命令：MIRROR　　　　　　　　　　　　//输入镜像命令

选择对象：指定对角点：找到 2 个　　　//用交叉窗口选择箭头

选择对象：　　　　　　　　　　　　　//按 Enter 键，完成对象选择

指定镜像线的第一点：　　　　　　　　//单击 A 点

指定镜像线的第二点：　　　　　　　　//单击 B 点

要删除源对象吗？[是(Y)/否(N)] <N>: y　//输入 Y 按 Enter 键

结果如图 4-37（b）所示。

命令：ROTATE　　　　　　　　　　　　//输入旋转命令

UCS 当前的正角方向：ANGDIR=逆时针　ANGBASE=0

选择对象：指定对角点：找到 2 个　　　//用交叉窗口选择箭头

选择对象：　　　　　　　　　　　　　//按 Enter 键，完成对象选择

指定基点：　　　　　　　　　　　　　//捕捉箭头所在线段的中点并单击

指定旋转角度，或 [复制(C)/参照(R)] <180>:　//输入 180，按 Enter 键

结果如图 4-36（b）所示。

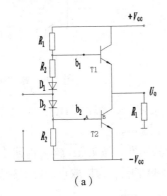
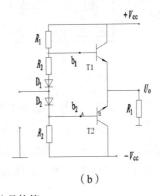

(a)　　　　　　　　　　　　　(b)

图 4-37　修改晶体管

　　　　当使用完分解命令后，多段线的宽度、线型、颜色将随当前层而改变；带属性的图块将使属性值消失，还原为属性定义的标签。

4.2.5　块的属性及其应用

　　在 AutoCAD 中可以使块附带属性。属性类似于商品的商标，包含了图块不能表达的文字信息，比如零件的管标、电路中的元件参数、电气设备的型号、制造厂商等，存储在属性中的信息称为属性值。

　　在创建块之前先定义块的属性，然后一起定义成块，这样块就包含属性了。属性有助于用户快速产生关于设计项目的信息报表，或者作为一些符号块的可变文字对象，例如可以将标题栏中的一些文字项目定制成属性对象，这样就能方便地填写或修改了。下面具体介绍创建属性块及其

应用。

命令启动方法如下。

- 菜单命令：【绘图】/【块】/【定义属性】。
- 功能区：【常用】选项卡中【块】面板上的 按钮。
- 命令：ATTDEF。

【案例 4-19】 定义块的属性并应用。

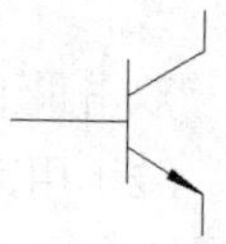

（1）打开素材文件"dwg\第 4 章\4-19.dwg"，如图 4-38 所示。

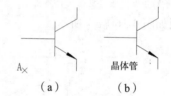

图 4-38 二极管

（2）选择菜单命令【绘图】/【块】/【定义属性】，弹出【属性定义】对话框，设置属性如图 4-39 所示。

（3）单击 确定 按钮，系统提示"指定起点"，也就是需要插入"标记"的地方。在图 4-40（a）中单击 A 点，指定 A 点为标记插入的起点，结果如图 4-40（b）所示。

图 4-39 【属性定义】对话框

图 4-40 添加属性

（4）单击【常用】选项卡上【块】面板上的 按钮，或者输入 BLOCK 命令，打开【块定义】对话框，在【名称】栏中输入块名字"晶体管"，如图 4-41 所示。

（5）单击 按钮（选择对象），选择晶体管及其属性，按 Enter 键，返回【块定义】对话框。

（6）单击 按钮（拾取点），选择晶体管基极的左端点为拾取点，此时带属性的块被建立，结果如图 4-42 所示。

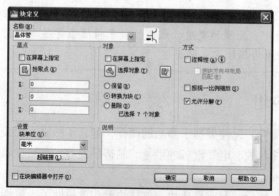

图 4-41 【块定义】对话框

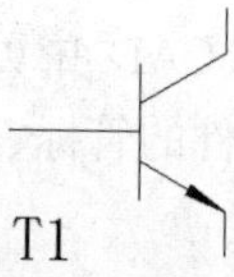

T1

图 4-42 图块一

要点提示　　　此时最关键的是要选择"拾取点"，若不选择"拾取点"，则下次插入块的时候会失败。

（7）单击 按钮，打开【插入】对话框，如图 4-43 所示。

在【名称】下拉列表中选择"晶体管"，单击 确定 按钮，AutoCAD 自动返回绘图窗口，选择基点并将图形放置到绘图窗口中，单击后命令提示窗口会提示输入晶体管标号，输入"T2"，结果如图 4-44 所示。

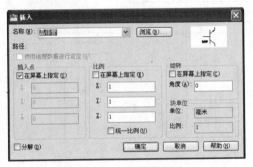

图 4-43　【插入】对话框

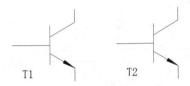

图 4-44　插入图块 T2

4.3　综合案例——绘制三相异步电动机全压启动单向运转控制电路

【案例 4-20】　综合运用夹点、打断、延伸、复制以及镜像等命令，绘制三相异步电动机全压启动单向运转控制电路，如图 4-45 所示。

（1）创建下面两个图层，如图 4-46 所示。

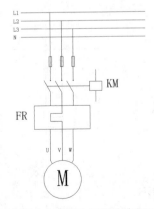

图 4-45　三相异步电动机全压启动单向运转控制电路

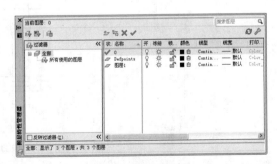

图 4-46　创建图层

（2）设定线型全局比例因子为 0.2，设定绘图区域大小为 1000×1000。

（3）打开极轴追踪、对象捕捉及自动追踪功能。设置极轴追踪角度增量为"15"，设定对象捕捉方式为全部选中。

（4）用 LINE 命令绘制主体图。

① 绘制线段 L_1，线段的长度为 60。

② 设置偏移距离为 5，依次向下偏移 3 次，结果如图 4-47（a）所示。

③ 捕捉线段 L_1 的中点，竖直向下绘制长为 70 的线段 L_5，再将其左右各偏移一次，偏移距离为 7，形成线段 L_4 和 L_6，结果如图 4-47（b）所示。

④ 修剪多余线条，结果如图 4-47（c）所示。

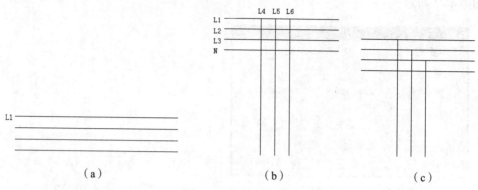

（a）　　　　　　　（b）　　　　　　　（c）

图 4-47　绘制主接线图

（5）绘制保险丝、过流保护电路及接触器，并修剪图形。

① 利用矩形命令分别绘制 1.6×6、24×6、8×6 的 3 个矩形，如图 4-48 所示。

② 依次选择 3 个矩形上边的中点作为基准点进行移动，移动至图 4-49（a）所示的适当位置，并复制 1.6×6 的矩形两次，结果如图 4-49（b）所示。

图 4-48　绘制矩形

③ 捕捉 A 点并向下追踪 2，确定线段第一点，然后水平向左移动鼠标光标，捕捉与线段 L_4 的交点作为线段第二点。然后向下偏移该线段，偏移距离为 2，结果如图 4-49（b）所示。

④ 修剪多余线条，结果如图 4-49（c）所示。

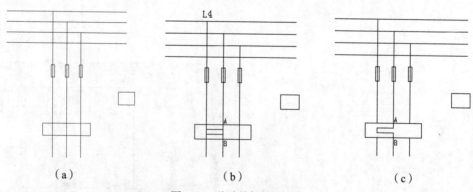

（a）　　　　　　　（b）　　　　　　　（c）

图 4-49　移动并复制图形等

⑤ 在图中合适位置以 E 为基点，斜向 120° 绘制长度为 8 的线段 EF，以 F 为基点向右绘制水平线到 L_6。再以 E 为基点，向右复制 EF 两次，然后捕捉 EF 中点为基点向右作水平线延伸到继电器线圈，结果如图 4-50（a）所示。

⑥ 绘制接触器静触点圆，半径为 0.7，结果如图 4-50（b）所示。

⑦ 删除过 F 点水平辅助线，修剪触点成半圆，然后修剪掉其余相应部分，结果如图 4-50（c）所示。

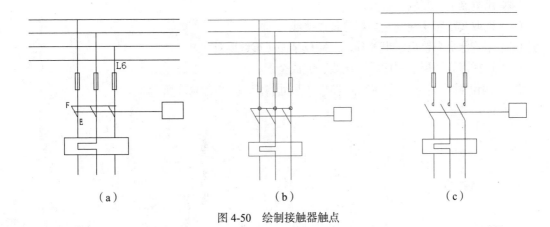

（a）　　　　　　　　　　（b）　　　　　　　　　　（c）

图 4-50　绘制接触器触点

⑧ 绘制电动机。其半径为 12，圆心为距 L_5 下端点向下 12 的位置。然后连接线段，结果如图 4-51 所示。

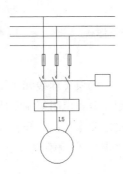

图 4-51　绘制电动机

⑨ 给继电器线圈添加纵向线段，并注写文字（第 5 章将详细介绍），结果如图 4-45 所示。

小　　结

几乎所有的图形都不是一次绘制出来的，都要通过一定的修改操作才能最终完成绘图任务。本章结合具体实例，详细讲解了对象选择以及镜像、偏移、分解、修剪等图形编辑功能，并详细分析了块操作的使用，以便于读者在短时间内高效掌握本章所介绍的命令，节约绘图时间，提高绘图效率。

习　　题

1. 绘制配电变压器防雷接线图（尺寸自定），如图 4-52 所示。
操作提示：
（1）设置绘图环境，包括绘图区域、图层（虚线和实线）、文字样式、标注样式、单位。

（2）用圆、直线和修剪命令绘制单个线圈，再用环形阵列完成线圈的星形连接方式。

（3）用矩形、直线和填充命令绘制避雷针。

（4）用复制命令复制避雷针。

（5）选取实线图层绘制左半部分各连接线。

（6）用镜像命令镜像左半部分，以完成全图（虚线除外）。

（7）选择虚线图层绘制虚线连接线，完成全图。

2. 绘制消除交越失真的 OCL 电路图（尺寸自定），如图 4-53 所示。

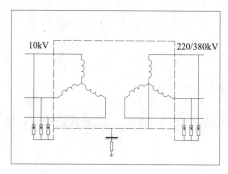

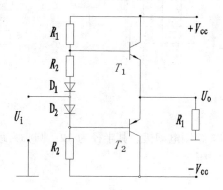

图 4-52　配电变压器防雷接线图　　　　图 4-53　消除交越失真的 OCL 电路图

操作提示：

（1）设置绘图环境，包括绘图区域、图层（虚线和实线）、文字样式、标注样式、单位。

（2）用矩形命令绘制电阻，用复制命令将电阻复制到适当位置。

（3）用直线命令绘制二极管，用复制命令复制二极管到适当位置。

（4）用块操作插入两个 T_1 到适当位置，用分解块命令将一个 T_1 绘制成 T_2。

（5）用直线命令绘制各连接线。

（6）用圆和填充命令绘制各节点。

3. 绘制充电器电路原理图（尺寸自定），如图 4-54 所示。

操作提示：

（1）设置绘图环境，包括绘图区域、图层（虚线和实线）、文字样式、标注样式、单位。

（2）用直线、矩形和镜像命令绘制三相桥式整流电路示意图及二极管。

（3）用圆弧、复制、直线和镜像命令绘制变压器。

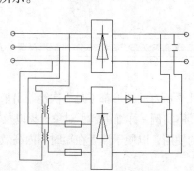

（4）用矩形和复制命令绘制过流保护及电阻。

（5）用圆命令绘制电路节点。

图 4-54　充电器电路原理图

（6）用直线命令将其连接。

4. 绘制供暖系统量调节控制原理图（尺寸自定），如图 4-55 所示。

操作提示：

（1）设置绘图环境，包括绘图区域、图层（虚线和实线）、文字样式、标注样式、单位。

（2）用矩形命令绘制铂电阻温度传感器。

（3）选取点画线层绘制点画线框。

（4）用圆、直线和复制命令绘制指示灯。

（5）用矩形命令绘制过流保护。

（6）用直线和圆命令绘制开关触点。

（7）用直线命令将主体电路连接，完成全图。

5. 绘制发电厂变电所电气部分原理图，如图 4-56 所示。

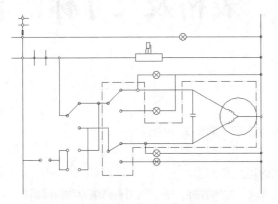 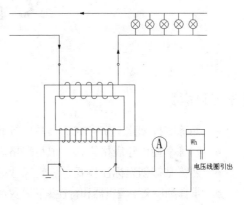

图 4-55　供暖系统量调节控制原理图　　　　图 4-56　发电厂变电所电气部分原理图

操作提示：

（1）设置绘图环境：绘图区域、图层（虚线和实线）、文字样式、标注样式、单位。

（2）用圆、直线命令绘制单个一次回路负载，再用复制命令复制多个。

（3）用矩形和偏移命令绘制铁心线圈。

（4）用直线、圆和填充命令绘制箭头和节点。

（5）用圆和多行文本命令绘制二次回路电流表。

（6）用直线和多行文字命令绘制二次回路负载。

（7）用圆弧和直线命令绘制一次线圈和二次线圈。

（8）用直线命令将其连接。

（9）选择虚线图层绘制虚线连接线，完成全图。

第5章
文字、表格及尺寸标注

【学习目标】

- 熟练掌握创建文字样式、书写单行和多行文字、编辑文字内容。
- 熟练掌握创建表格样式、填写表格。
- 熟练掌握创建标注样式、编辑尺寸标注的运用和方法。
- 掌握利用文字编辑器和特性编辑器灵活地修改和编辑各种文字、利用表格编辑功能编辑表格。

绘制电气工程图形时，为确保图形精确和易读，一般要在图形上标注尺寸，甚至还需要绘制表格、编辑文字，这些表格和文字为理解图形内容提供了必要的信息。

5.1　文字格式编辑

AutoCAD 2010 提供了多种文字格式编辑命令，如 STYLE、TEXT、DTEXT、MTEXT 等。本节将着重介绍如何创建文本样式，并对文本进行编辑。

5.1.1　创建文字样式

文字样式主要用于控制与文本连接的字体文件、字符宽度、文字倾斜角度及高度等项目。

AutoCAD 2010 中默认的标准英文样式是 STANDARD，在未建立新的样式之前输入的英文字母均采用这种样式，它在标准字库中提供了丰富的字体，而每种字体又有多种字型，它们均可以通过 STYLE 命令定义或修改。

1. 命令启动方法

- 菜单命令：【格式】/【文字样式】。
- 功能区：【常用】选项卡中【注释】面板上的 按钮。
- 命令：STYLE。

【案例 5-1】　打开素材文件"dwg\第 5 章\5-1.dwg"，如图 5-1 所示，此图为新风机组（PAU）DDC 监控原理图，要求为其创建文字样式。

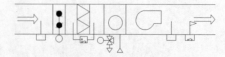

图 5-1　新风机组（PAU）DDC 监控原理图

（1）选择菜单命令【格式】/【文字样式】，或者单击【常用】选项卡中【注释】面板上的 按钮，打开【文字样式】对话框，如图 5-2 所示。

（2）单击 新建(N)... 按钮，打开【新建文字样式】对话框，如图 5-3 所示，在【样式名】文本框中输入文字样式的名称"电气文字"。

图 5-2　【文字样式】对话框　　　　图 5-3　【新建文字样式】对话框

（3）单击 确定 按钮，系统自动返回【文字样式】对话框，当前文字样式被修改为"电气文字"，在【字体名】下拉列表中选择【gbeitc.shx】，再选择【使用大字体】复选项，在【大字体】下拉列表中选择【gbcbig.shx】，在【高度】文本框中输入"10"，如图 5-4 所示。

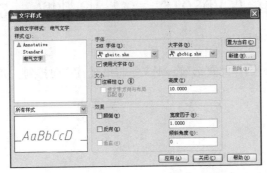

图 5-4　新建后的【文字样式】对话框

要点提示　　AutoCAD 提供了符合国标的字体文件。在电气工程图中，中文字体采用"gbcbig.shx"，该字体文件包含了长仿宋字体。西文字体采用"gbeitc.shx"（斜体西文）和"gbenor.shx"（直体西文）。

（4）单击 应用(A) 按钮，完成"电气文字"样式的设置。

（5）单击 置为当前(C) 按钮，将"电气文字"样式置为当前文字标注的默认样式，然后关闭【文字样式】对话框。

至此，文字样式创建完毕。

2. 命令选项

【文字样式】对话框中常用选项的功能介绍如下。

● 新建(N)... 按钮：单击此按钮，可创建新文字样式。

● 删除(D) 按钮：在【样式】列表框中选择一个文字样式，再单击此按钮，就可以删除该文字样式。当前样式和正在使用的文字样式不能被删除。

● 置为当前(C) 按钮：单击此按钮，可将文字样式列表中选取的样式名设为当前文字注释的样式。

- 【样式】列表框：用于显示或选择已有的文字样式。样式名称可以用 0～255 个字符，包括数字、字母、特殊字符等。除了默认的 Standard 样式外，用户可以通过 新建(N)… 按钮来新建一个自己容易记忆辨别的文字样式。

- 【字体名】下拉列表：在此列表中罗列了所有的字体。带有双"T"标志的字体是 Windows 系统提供的"TrueType"字体，其他字体是 AutoCAD 自己的字体（*.shx），其中"gbenor.shx"和"gbeitc.shx"（斜体西文）字体是符合国标的工程字体。

- 【使用大字体】复选项：大字体是指专为亚洲国家设计的文字字体。其中"gbcbig.shx"字体是符合国标的工程汉字字体，该字体文件还包含一些常用的特殊符号。由于"gbcbig.shx"中不包含西文字体定义，所以使用时可将其与"gbenor.shx"和"gbeitc.shx"字体配合使用。

- 【高度】文本框：输入字体的高度。如果用户在该文本框指定了文本高度，在使用 DTEXT（单行文字）命令时，系统将不再提示"指定高度"。

- 【颠倒】复选项：选择此复选项，则文字将上下颠倒显示。该复选项仅影响单行文字，如图 5-5 所示。

- 【反向】复选项：选择此复选项，则文字将首尾反向显示。该复选项仅影响单行文字，如图 5-6 所示。

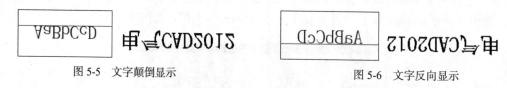

图 5-5　文字颠倒显示　　　　图 5-6　文字反向显示

- 【垂直】复选项：选择此复选项，则文字将沿竖直方向排列，如图 5-7 所示。

图 5-7　文字垂直显示

- 【宽度因子】：默认的宽度因子为 1。若输入小于 1 的数值，则文本将变窄；否则，文本变宽，如图 5-8 所示。

- 【倾斜角度】：用于设置文本的倾斜角度。角度值为正时向右倾斜，角度值为负时向左倾斜，如图 5-9 所示。

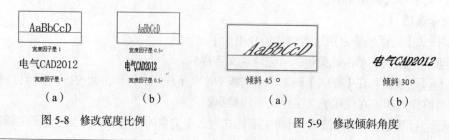

图 5-8　修改宽度比例　　　　图 5-9　修改倾斜角度

5.1.2　单行文字编辑

在 AutoCAD 2010 中，TEXT 和 DTEXT 命令均可用于创建单行文字并进行编辑，且能单独对它们进行重新定位、调整格式或进行其他修改。

1. 命令启动方法

- 菜单命令：【绘图】/【文字】/【单行文字】。
- 功能区：【常用】选项卡中【注释】面板上的A按钮。
- 命令：TEXT。

【案例 5-2】　打开素材文件"dwg\第 5 章\5-2.dwg"，用 TEXT 用命令创新单行文字，结果如图 5-10 所示。

```
命令: text                              //键入命令
前文字样式: "电气文字"  文字高度: 10.0000 注释性: 否
指定文字的起点或 [对正(J)/样式(S)]:       //在 A 点处单击一点
指定高度 <2.5000>: 10                    //输入文字高度按 Enter 键
指定文字的旋转角度 <0> :0                 //按 Enter 键并输入"新风"
```

然后，在图形的适当位置输入"冷冻水或热水"、"送风"，结果如图 5-10 所示。

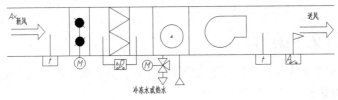

图 5-10　输入单行文字

2. 命令选择

- 对正(J)。在该提示下，设定文字的对正方式，其中包含的选项如下。
- 对齐(A)。指定基线端点来指定文字的高度和方向。字符的大小根据其高度按比例调整。文字字符串越长，字符越矮。
- 布满（F）。指定文字按照由两点定义的方向和一个高度值布满一个区域，只适用于水平方向的文字。
- 居中(C)。从基线的水平中心对齐文字，此基线是由用户以点指定的。
- 中间(M)。文字在基线的水平中点和指定高度的垂直中点上对齐。
- 右对齐(R)。在基线上靠右对齐文字，基线由用户用点指定。
- 左上(TL)。在指定为文字顶点的点上靠左对齐文字。
- 中上(TC)。在指定为文字顶点的点上居中对齐文字。
- 右上(TR)。在指定为文字顶点的点上靠右对齐文字。
- 左中(ML)。在指定为文字中间的点上靠左对齐文字。
- 正中(MC)。在指定为文字的中央水平和垂直居中对齐文字。
- 右中(MR)。在指定为文字的中间点的点上靠右对齐文字。
- 左下(BL)。以指定为基线的点靠左对齐文字。
- 中下(BC)。以指定为基线的点居中对齐文字。
- 右下(BR)。以指定为基线的点靠右对齐文字。

- 样式(S)。在此提示下，选择当前文字样式，该文字样式将决定文字字符的外观。

5.1.3 在单行文字中加入特殊符号

在电气工程图中，许多符号不能通过标准键盘直接输入，如文字的下画线、直径代号等。当用户用 TEXT 或 DTEXT 命令创建单行文字注释时，必须输入特定的代码来产生特殊的字符，这些代码及对应的特殊符号如表 5-1 所示。

表 5-1   特殊符号表

代码	字符	代码	字符
%%o	文字的上画线	%%p	表示 "±"
%%u	文字的下画线	%%c	直径代号 ϕ
%%d	角度的度符号	%%%	表示 "%"

使用表中代码生成特殊字符的样例如图 5-11 所示。

%%c $\varnothing 100$

%%p0.010 ± 0.010

图 5-11   特殊字符样例

5.1.4 多行文字编辑

多行文字编辑用于输入较长、较为复杂的多行文字，并在指定范围内产生段落型文字。

1. 命令启动方法

- 菜单命令：【绘图】/【文字】/【多行文字】。
- 功能区：【常用】选项卡中【注释】面板上的 **A** 按钮。
- 命令：MTEXT。

【案例 5-3】   打开素材文件 "dwg\第 5 章\5-3.dwg"，用 MTEXT 命令创建多行文字，结果如图 5-12 所示。

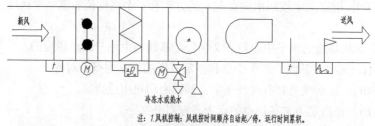

图 5-12   创建多行文字

（1）单击【常用】选项卡中【注释】面板上的 **A**（多行文字）按钮，在图中适当位置单击两点，弹出【文字编辑器】选项卡，如图 5-13 所示。

图 5-13　【文字编辑器】功能选项卡

　　若要重置当前的文字样式、字体、字符高度、粗体、斜体、下画线、堆叠、文字颜色、文字位置、文字倾斜角度、宽度因子等，均可通过【文字编辑器】选项卡的相关命令进行。

（2）命令行提示如下。

命令：_mtext
当前文字样式："电气文字"　文字高度：2.5　注释性：否
指定第一角点：
指定对角点或 [高度(H)/对正(J)/行距(L)/旋转(R)/样式(S)/宽度(W)/栏(C)]：
输入多行文字，其内容如图 5-14 所示，结果如图 5-12 所示。

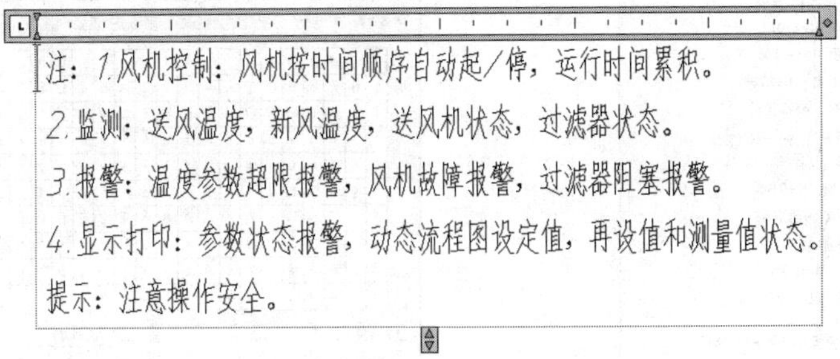

> 注：1.风机控制：风机按时间顺序自动起/停，运行时间累积。
> 2.监测：送风温度，新风温度，送风机状态，过滤器状态。
> 3.报警：温度参数超限报警，风机故障报警，过滤器阻塞报警。
> 4.显示打印：参数状态报警，动态流程图设定值，再设值和测量值状态。
> 提示：注意操作安全。

图 5-14　输入多行文字

2. 命令选项

- 高度(H)：在此提示下，指定多行文字字符的高度。
- 对正(J)：在此提示下，指定对正方式。它们的功能与单行文字编辑的各选项相同，这里不再详述。
- 行距(L)：在此提示下，指定行间距。
- 旋转(R)：在此提示下，指定文字边界的旋转角度。
- 样式(S)：在此提示下，指定多行文字对象的文字样式。
- 宽度(W)：在此提示下，指定文字边界的宽度。
- 栏(C)：在此提示下，指定分栏数目。

　　对于已经编辑好的多行文本，可以通过双击文字后进入文字编辑状态，对其进行修改。

5.1.5　在多行文字中添加特殊字符

在多行文字中添加特殊字符的步骤如下。

（1）打开【文字编辑器】选项卡，如图 5-15 所示。

图 5-15　【文字编辑器】选项卡

（2）单击【插入】面板上的@按钮，弹出下拉菜单，如图 5-16 所示。

（3）若该下拉菜单中没有要插入的特殊字符，则选择【其他】命令，打开【字符映射表】对话框，如图 5-17 所示，从中选择要插入的特殊字符，单击 选择(S) 按钮选择该特殊字符，再单击 复制(C) 按钮将该字符复制到剪切板，再返回绘图区，单击鼠标右键，在弹出的【快捷菜单】中选择【粘贴】命令，插入该特殊字符。

图 5-16　文字样式符号

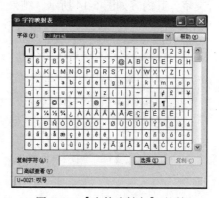

图 5-17　【字符映射表】对话框

5.1.6　文字样式修改

在编写单行或多行文字时，有时需要对已完成的文字进行样式修改。

1.　单行文字样式修改

单行文字样式修改可在【文字样式】对话框中进行，其过程与创建文字样式相似，这里不再重复。修改文字样式需要注意以下问题。

（1）文字样式修改完成后，必须要单击【文字样式】对话框中的 应用(A) 按钮，这样修改才能生效。

（2）文字样式被修改之后所创建的单行文字的外观，将被新修改的文字样式所影响。在此之前已创建的文字样式将不被影响。

2.　多行文字样式修改

若不需要对已创建的文字样式进行修改，可在【文字样式】对话框中事先设置新的文字样式，以影响后建的文字。

若要修改已创建的多行文字的文字样式，可以直接双击该文字，打开【文字编辑器】选项卡，进入文字编辑状态，先选中要修改的局部文字，再利用【文字编辑器】选项卡中的命令选项进行修改。

【**案例 5-4**】　打开素材文件 "dwg\第 5 章\5-4.dwg"，修改其中的 "提示：注意操作安全。" 字体为 "宋体"，文字高度为 "15"，结果如图 5-18 所示。

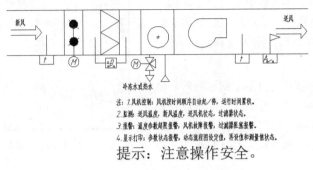

图 5-18　修改多行文字的文字样式

（1）双击多行文字，打开【文字编辑器】选项卡，如图 5-19 所示。

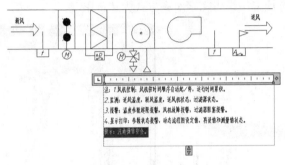

图 5-19　修改过程

（2）选中文字编辑区的 "提示：注意操作安全。"，如图 5-20 所示，设置其字体为 "宋体"，文字高度为 "15"，结果如图 5-18 所示。

　　　　文字样式一旦被修改，将会影响此后创建的任何文字。

5.2　创建和编辑表格

表格使用行和列以一种清晰简洁的格式提供信息，常用于具有元器件清单、配线方式说明和许多其他组件的图形中。

5.2.1　创建表格样式

命令启动方法如下。
- 菜单命令：【格式】/【表格样式】。
- 功能区：【常用】选项卡中【注释】面板上的 按钮。

【**案例 5-5**】　打开素材文件 "dwg\第 5 章\5-5.dwg"，为其创建 DDC 外部线路表的表格样式。

（1）创建文字样式名称为"表格文字"，与其相连的字体名为"宋体"，【字体样式】为"常规"，【高度】为"7"。

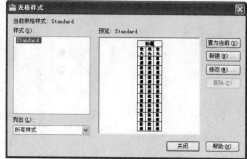

（2）单击【常用】选项卡中【注释】面板上的 按钮，弹出【表格样式】对话框，如图 5-20 所示。利用该对话框用户可进行表格样式的新建、修改及删除操作。

（3）单击 新建(N)... 按钮，打开【创建新的表格样式】对话框，在【新样式名】文本框中输入新样式的名称为"DDC 外部线路表格样式"，在【基础样式】下拉列表中选择【Standard】选项，如图 5-21 所示。

图 5-20 【表格样式】对话框

（4）单击 继续 按钮，打开【新建表格样式】对话框，如图 5-22 所示。在【单元样式】下拉列表中分别选择【数据】、【标题】、【表头】选项，在【文字】选项卡中分别指定文字样式为"表格文字"，在【常规】选项卡中设置文字对齐方式为"正中"。

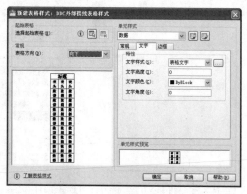

图 5-21 【创建新的表格样式】对话框

图 5-22 【新建表格样式】对话框

要点提示　若要修改【新建表格样式】对话框中【文字】选项卡所选文字样式的文字高度，可单击【文字样式】下拉列表右边的 按钮，打开【文字样式】对话框，进行文字样式修改。若一开始创建表格文字样式时未设字体高度而是保留系统默认的"0.0000"值，则可在【新建表格样式】对话框的【文字】选项卡中设置文字高度为当前需要值。

（5）单击 确定 按钮，返回【表格样式】对话框，单击 置为当前(U) 按钮，使新的表格样式为当前样式。

（6）单击 关闭 按钮，创建表格样式工作完成。

5.2.2　创建并修改空白表格

命令启动方法如下。

- 菜单命令：【绘图】/【表格】。
- 功能区：【常用】选项卡中【注释】面板上的 按钮。
- 命令：TABLE。

【案例 5-6】　创建并修改空白表格。

（1）单击【常用】选项卡中【注释】面板上的 按钮，打开【插入表格】对话框并设置相关参数，如图 5-23 所示。

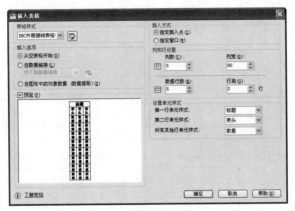

图 5-23　【插入表格】对话框

（2）单击 确定 按钮，关闭【插入表格】对话框，在图中创建如图 5-24 所示的表格。

（3）删除行或列。选中表格的第 1 行和
第 2 行，弹出【表格单元】选项卡，如图 5-25
所示。单击该选项卡中【行】面板上的 按
钮，删除选中的两行，结果如图 5-26 所示。
若要删除列，可选中要删除的列，然后单击
【列】面板上的 按钮。

图 5-24　创建新表格

图 5-25　表格选项卡

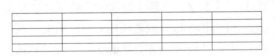

图 5-26　删除行

（4）插入列或行。选中图 5-26 所示第一列任意一单元格，单击鼠标右键，弹出快捷菜单，选
择【列】/【在左侧插入】命令，插入新的一列，结果如图 5-27 所示。若要插入行，可选中某一
行的任意单元格，然后单击鼠标右键，在弹出的快捷菜单中选择【行】/【在上方插入】命令，即
可实现行插入操作。

图 5-27　插入一列

（5）合并单元格。选中图 5-27 所示的第一列，单击【表格单元】选项卡中的 按钮，选
择【合并全部】命令，结果如图 5-28 所示。

图 5-28　合并单元格

（6）单元格编辑。选中单元格 *A*，单击鼠标右键，在弹出的快捷菜单中选择【特性】命令，弹出【特性】对话框，如图 5-29 所示，将【单元高度】修改为"25"、【单元宽度】修改为"120"，结果如图 5-30 所示。

图 5-29　【特性】对话框

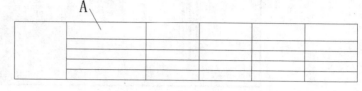

图 5-30　调整单元格的高度和宽度

（7）综合运用以上方法修改表格的其余单元，其中第 3 列的【单元宽度】修改为"40"，结果如图 5-31 所示。

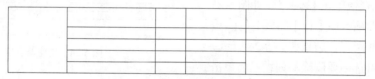

图 5-31　修改表格的其余单元

5.2.3　创建并填写标题栏

在表格单元中，用户可以很方便地填写文字信息。用 TABLE 命令创建表格后，双击表格的任一单元格将其激活，同时打开【文字编辑器】选项卡，就可以输入或修改文字。当要移动鼠标光标到相邻的下一个单元时，可用 Tab 键，或者使用方向键向上、下、左或右移动。

【案例 5-7】　打开素材文件"dwg\第 5 章\5-7.dwg"，创建、修改并编辑 DDC 外部线路标题栏，结果如图 5-32 所示。

图 5-32　创建、修改并编辑标题栏

（1）创建并编辑表格。

① 选择菜单命令【绘图】/【表格】，打开【插入表格】对话框，设置相关参数，如图 5-33 所示。

② 单击 确定 按钮，关闭【插入表格】对话框，系统自动返回绘图区域，单击绘图区域的一点作为表格插入基点，结果如图 5-34 所示。

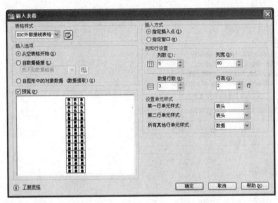

图 5-33　【插入表格】对话框

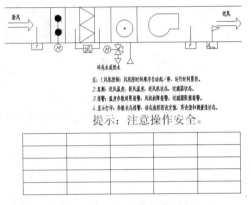

图 5-34　创建空白表格

③ 选中图 5-34 所示第 1 列的任意一单元格，单击鼠标右键，弹出快捷菜单，选择【列】/【在左侧插入】命令，插入 3 列；选中表格每一列的任一单元，单击鼠标右键，在弹出的快捷菜单中选择【特性】命令，打开【特性】对话框，从左到右设置每一列的【单元宽度】分别为"32"、"80"、"32"、"80"、"32"、"80"、"32"、"80"，设置每一行的【单元高度】均为"20"，结果如图 5-35 所示。

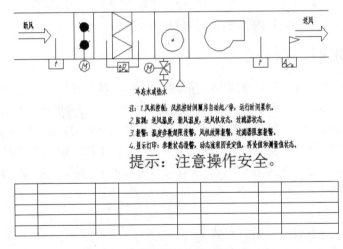

图 5-35　调整单元格的宽度和高度

（2）填写标题栏。

① 创建的 DDC 外部线路表格样式中的文字样式为"表格文字"，设置其字体为"宋体"，文字高度为"7"，并将"表格文字"设置为当前文字样式。

② 双击表格的任一单元格将其激活，同时打开【文字编辑器】选项卡，如图 5-36 所示。

图 5-36　激活表格单元

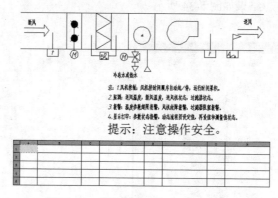

注：1.风机联锁：风机按时间顺序自动启/停，运行时间累积。
2.监测：送风温度，新风温度，送风机状态，过滤器状态。
3.报警：温度参数超限报警，风压故障报警，过滤器报警累积。
4.显示打印：参数状态高报，动态流程图变化，界限值和测量值状态。

提示：注意操作安全。

图 5-36　激活表格单元（续）

③ 在激活的单元格中输入文字，按 [Tab] 键或方向移动键移动鼠标光标到其他单元格，继续填写文字，结果如图 5-32 所示。

5.3　尺寸标注

AutoCAD 2010 提供了丰富的尺寸标注命令。一般电气图的绘制不需要严格的尺寸标注，只要接线正确、布局合理即可。只有建筑电气中各建筑物的平面布置需要较为严格的尺寸标注，以反映图形的真实形状和建筑物内部各部分的位置关系。

5.3.1　创建尺寸样式

尺寸标注是一个以块的形式在图形中存储的复合体，其组成部分包括尺寸线、尺寸线两端起止符号（箭头或斜线等）、尺寸界线及标注文字等，所有组成部分的格式都由尺寸样式来控制。

标注尺寸之前，用户一般都要创建尺寸样式，否则 AutoCAD 将使用默认样式"ISO-25"来生成尺寸标注。用户可以定义多种不同的标注样式并为其命名，标注时，用户只需指定某个样式为当前样式，就能创建相应的标注形式。所有尺寸与尺寸样式关联，通过调整尺寸样式，就能控制与该样式关联的尺寸标注的外观。

命令启动方法如下。

- 菜单命令：【标注】/【标注样式】。
- 功能区：【常用】选项卡中【注释】面板上的按钮。
- 命令：DIMSTYLE。

【案例 5-8】　打开素材文件"dwg\第 5 章\5-8.dwg"，如图 5-37 所示，为其创建尺寸标注样式。

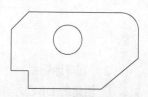

图 5-37　需要创建尺寸标注
样式的原图

（1）单击【常用】选项卡中【注释】面板上的按钮，打开【标注样式对话框】对话框，如图 5-38 所示，通过该对话框可以命名新的尺寸样式或修改样式中的尺寸参数。

（2）单击 新建(N)... 按钮，打开【创建新标注样式】对话框，如图 5-39 所示。在该对话框的【新样式名】文本框中输入新的样式名称为"电气标注"，在【基础样式】下拉列表中指定尺寸样式为"ISO-25"，则新样式将包含基础样式的所有设置。在【用于】下拉列表中，用户可以设定新样式对某一种类尺寸的特殊控制。默认情况下，【用于】下拉列表中的选项是【所有标注】，是指新样式将控制所有的类型尺寸。

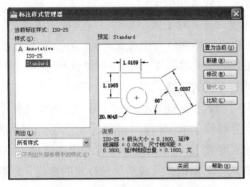

图 5-38　【标注样式管理器】对话框

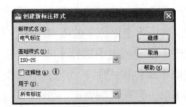

图 5-39　【创建新标注样式】对话框

（3）单击 继续 按钮，打开【新建标注样式】对话框，如图 5-40 所示。

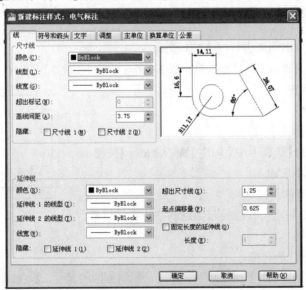

图 5-40　【新建标注样式】对话框

（4）在【线】选项卡的【基线间距】、【超出尺寸线】和【起点偏移量】栏中分别输入"3.75"、"1.25"和"0.625"。

● 【基线间距】：此选项决定了平行尺寸线间的距离。当创建基线型尺寸标注时，相邻尺寸线间的距离由该选项控制。

● 【超出尺寸线】：控制尺寸界线超出尺寸线的距离。国标中规定，尺寸界线一般超出尺寸线 2～3mm。

● 【起点偏移量】：控制尺寸线起点与标注对象端点间的距离。

（5）进入【符号与箭头】选项卡，在【箭头】分组框的【第一个】下拉列表中选择【实心闭合】，在【箭头大小】栏中输入"6"，该值用于设定箭头的长度。

（6）进入【文字】选项卡，在【文字样式】下拉列表中选择【电气标注文字】，设置【从尺寸线偏移】为"0.625"，在【文字对齐】分组框中选择【与尺寸线对齐】单选项。

- 【文字样式】：在此下拉列表中选择文字样式或单击其右边的按钮，打开【文字样式】对话框，利用该对话框创建新的文字样式。
- 【从尺寸线偏移】：用于设定标注文字与尺寸线间的距离。
- 【与尺寸线对齐】：使标注文本与尺寸线对齐。对于国际标注，应选择此单选项。

（7）进入【调整】选项卡，该比例值将影响尺寸标注所有组成元素的大小，如标注文字和尺寸箭头等，此处是默认值"1"。当用户欲以 1:2 的比例将图样打印在标准幅面的图纸上时，为保证尺寸外观合适，应设定标注的全局比例为打印比例的倒数，即 2。

（8）进入【主单位】选项卡，在【线性标注】分组框的【单位格式】下拉列表中选择【小数】，在【精度】下拉列表中选择【0.00】，在【小数分隔符】下拉列表中选择【句点】；在【角度标注】分组框的【单位格式】下拉列表中选择【十进制度数】，在【精度】下拉列表中选择【0.0】。

（9）单击 确定 按钮，关闭【新建标注样式】对话框，完成新尺寸样式的创建，并返回【标注样式管理器】对话框。

（10）单击 置为当前 (C) 按钮，使"电气标注"样式成为当前标注样式。

5.3.2 尺寸标注

本小节将通过一个案例来讲解标注的各个命令。

【案例 5-9】 打开素材文件"dwg\第 5 章\5-9.dwg"，为其进行尺寸标注，结果如图 5-41 所示。

1. 长度型尺寸标注

命令启动方法如下。

- 菜单命令：【标注】/【线性】。
- 功能区：【注释】选项卡中【标注】面板上的 按钮。
- 命令：DIMLINEAR。

标注长度型尺寸有两种方式。

- 在标注对象上指定尺寸线的起始点和终止点，以确定尺寸标注。

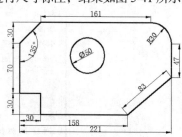

图 5-41 尺寸标注

- 直接选取要标注的对象。

DIMLINEAR 命令也可用于标注水平、竖直及倾斜方向的尺寸。标注时，若要使尺寸线倾斜，则输入"R"选项，然后输入尺寸线的倾斜角即可。

本案例具体操作如下。

单击【注释】选项卡中【标注】面板上的 按钮，启动 DIMLINEAR 命令。

```
命令: _dimlinear
指定第一个尺寸界线原点或 <选择对象>:          //捕捉端点 A，如图 5-42 所示
指定第二条尺寸界线原点:                       //捕捉端点 B
指定尺寸线位置或[多行文字(M)/文字(T)/角度(A)/水平(H)/垂直(V)/旋转(R)]:
                                             //向上移动鼠标光标，将尺寸线放置在适当位置，单击结束
命令:DIMLINEAR                                //重复命令
```

指定第一个尺寸界线原点或 <选择对象>:　　　　//按 Enter 键默认认上次捕捉到的 A 点
选择标注对象:　　　　　　　　　　　　　　　//选择线段 AC
指定尺寸线位置或[多行文字(M)/文字(T)/角度(A)/水平(H)/垂直(V)/旋转(R)]:
　　　　　　　　　　　　　　//向左移动鼠标光标,将尺寸线放置在适当位置,单击结束

用同样的方法继续标注尺寸"47",结果如图 5-42 所示。

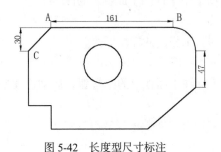

图 5-42　长度型尺寸标注

要点提示　　　长度型尺寸"30"将作为连续标注的基础。

DIMILNEAR 命令中各选项的功能介绍如下。

● 多行文字(M):使用该选项时,打开【文字编辑器】选项卡,利用此选项卡用户可以输入新的标注文字。

● 文字(T):使用此选项可以在命令行中输入新的尺寸文字。

● 角度(A):通过此选项设置文字的放置角度。

● 水平(H)/垂直(V):创建水平或垂直型尺寸,用户也可通过移动鼠标光标来指定创建何种类型的尺寸。若左右移动鼠标光标,则生成垂直尺寸;若上下移动鼠标光标,则生成水平尺寸。

● 旋转(R):使用 DIMLINEAR 命令时,AutoCAD 自动将尺寸线调整成水平或竖直方向。"旋转(R)"选项可使尺寸线倾斜一定角度,因此可以利用此选项标注倾斜的对象。

2. 对齐尺寸标注

命令启动方法如下。

● 菜单命令:【标注】/【线性】。

● 功能区:【注释】选项卡中【标注】面板上的 按钮。

● 命令:DIMALIGNED。

标注倾斜对象的真实长度可使用对齐尺寸标注,对齐尺寸的尺寸线平行于倾斜的标注对象。如果用户是选择两个点来创建对齐尺寸,则尺寸线与两点的连线平行。

继续前面的练习。

单击【注释】选项卡中【标注】面板上的 按钮,启动 DIMALIGNED 命令。

命令: _dimaligned
指定第一个尺寸界线原点或 <选择对象>:　　　　//捕捉 D 点,如图 5-43 所示
指定第二条尺寸界线原点:　　　　　　　　　　//捕捉 E 点
指定尺寸线位置或[多行文字(M)/文字(T)/角度(A)]:
　　　　　　　　　　　　　　//移动鼠标光标,将尺寸线放置在适当位置,单击结束

结果如图 5-43 所示。

3. 连续型尺寸标注

命令启动方法

- 菜单命令:【标注】/【线性】。
- 功能区:【注释】选项卡中【标注】面板上的 ᴴᴴ 按钮。
- 命令:DIMCONTINUE。

连续型尺寸标注是一系列首尾相连的标注形式。

继续前面的练习。

单击【注释】选项卡中【标注】面板上的 ᴴᴴ 按钮,启动连续型标注命令。

```
命令: _dimcontinue
指定第二条尺寸界线原点或 [放弃(U)/选择(S)] <选择>:s        //使用"选择(s)"选项
选择连续标注:                                            //选择尺寸"30"
指定第二条尺寸界线原点或 [放弃(U)/选择(S)] <选择>:         //捕捉 H 点,如图 5-44 所示
指定第二条尺寸界线原点或 [放弃(U)/选择(S)] <选择>:         //捕捉 I 点
指定第二条尺寸界线原点或 [放弃(U)/选择(S)] <选择>:         //按 Enter 键
选择连续标注:                                            //按 Enter 键结束
```

结果如图 5-44 所示。

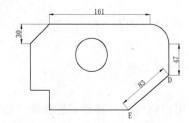

图 5-43　对齐尺寸标注

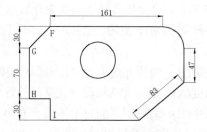

图 5-44　连续型尺寸标注

4. 基线型尺寸标注

命令启动方法

- 菜单命令:【标注】/【线性】。
- 功能区:【注释】选项卡中【标注】面板上的 按钮。
- 命令:DIMLINEAR。

基线型尺寸是指所有的尺寸都是从同一点开始标注,即公用一条尺寸界线。

继续前面的练习。

(1) 单击【注释】选项卡中【标注】面板上的 按钮,启动 DIMLINEAR 命令。

```
命令: _dimlinear
指定第一个尺寸界线原点或 <选择对象>:                      //捕捉 A 点,如图 5-45 所示
指定第二条尺寸界线原点:                                  //捕捉 B 点
指定尺寸线位置或[多行文字(M)/文字(T)/角度(A)/水平(H)/垂直(V)/旋转(R)]:
                                                        //向下移动鼠标光标,指定尺寸线位置
```

(2) 单击【注释】选项卡中【标注】面板上的 按钮,启动基线型标注命令。

```
命令: _dimbaseline
指定第二条尺寸界线原点或 [放弃(U)/选择(S)] <选择>:         //捕捉 C 点
指定第二条尺寸界线原点或 [放弃(U)/选择(S)] <选择>:         //按 Enter 键
```

选择基准标注：　　　　　　　　　　　　　　　　　　//按 Enter 键结束
结果如图 5-45 所示。

5．角度尺寸标注

命令启动方法如下。

- 菜单命令：【标注】/【线性】。
- 功能区：【注释】选项卡中【标注】面板上的 △ 按钮。
- 命令：DIMANGULAR。

继续前面的练习。

单击【注释】选项卡中【标注】面板上的 △ 按钮，启动角度标注命令。

命令：_dimangular
选择圆弧、圆、直线或 <指定顶点>：　　　　　　　　//选择线段 A，如图 5-46 所示
选择第二条直线：　　　　　　　　　　　　　　　　//选择线段 B
指定标注弧线位置或 [多行文字(M)/文字(T)/角度(A)/象限点(Q)]：
　　　　　　　　　　　　　　　　　　　　　　　　//移动鼠标光标，指定尺寸线位置

结果如图 5-46 所示。

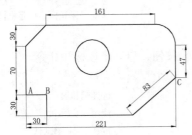

图 5-45　基线型尺寸标注

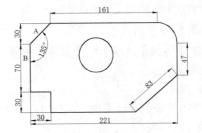

图 5-46　角度尺寸标注

该案例中的角度标注与尺寸线对齐。若想标注的角度为水平模式，可按如下步骤操作。

（1）单击【常用】选项卡中【注释】面板上的 按钮，打开【标注样式管理器】对话框。

（2）选中样式列表中的【电气标注】，单击 替代(O)... 按钮（注意不要单击 修改(M)... 按钮），打开【替代当前样式】对话框，进入【文字】选项卡，在【文字对齐】分组框中选择【水平】单选项，如图 5-47 所示。

（3）单击 确定 按钮，返回【标注样式管理器】对话框，关闭它。返回绘图窗口，启动角度尺寸标注命令，角度数字将水平放置，结果如图 5-48 所示。

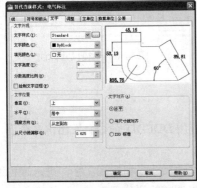

图 5-47　【替代当前样式】对话框

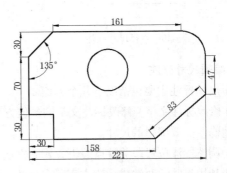

图 5-48　角度标注文字水平放置

6. 直径和半径型尺寸标注

命令启动方法如下。

- 菜单命令:【标注】/【直径】或【半径】。
- 功能区:【注释】选项卡中【标注】面板上的 ⊘ 和 ⊙ 按钮。
- 命令: DIMDIAMETER 和 DIMRADIUS。

在标注直径和半径尺寸时,AutoCAD 自动在标注文字前面加入 "ϕ" 或 "R" 符号。实际标注中,直径和半径型尺寸的标注形式多种多样,若通过当前样式的覆盖方式进行标注就非常方便。

在"角度尺寸标注"中已设定尺寸样式的覆盖方式,使尺寸数字水平放置,下面继续标注的直径和半径尺寸的标注文字也将处以水平方向。

继续前面的练习。

(1)单击【注释】选项卡中【标注】面板上的 ⊘ 按钮,启动直径标注命令。

命令: _dimdiameter	
选择圆弧或圆:	//选择圆 A
指定尺寸线位置或 [多行文字(M)/文字(T)/角度(A)]: t	//使用"文字(T)"选项
输入标注文字 <50>:	//按 Enter 键默认
指定尺寸线位置或 [多行文字(M)/文字(T)/角度(A)]:	//移动鼠标光标,指定标注文字位置

结果如图 5-49 所示。

(2)单击【注释】选项卡中【标注】面板上的 ⊙ 按钮,启动半径标注命令。

令: _dimradius	
选择圆弧或圆:	//选择圆弧 B
指定尺寸线位置或 [多行文字(M)/文字(T)/角度(A)]: t	//使用"文字(T)"选项
输入标注文字 <30>:	//按 Enter 键默认
指定尺寸线位置或 [多行文字(M)/文字(T)/角度(A)]: //移动鼠标光标,指定标注文字位置

结果如图 5-50 所示。

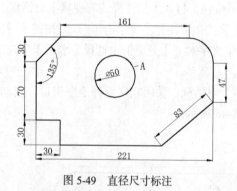

图 5-49　直径尺寸标注

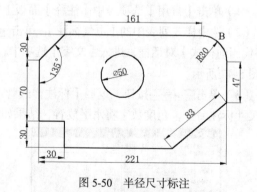

图 5-50　半径尺寸标注

7. 编辑尺寸标注

编辑尺寸标注主要包括以下几个方面。

(1)修改标注文字。修改标注文字的最佳方法是使用 DDEDIT 命令,发出该命令后,用户可以连续地修改想要编辑的尺寸。

(2)调整标注位置。关键点编辑方式非常适合于移动尺寸线和标注文字,进入这种编辑模式后,一般利用尺寸线两端或标注文字所在处的关键点来调整标注位置。

(3)对于平行尺寸线间的距离可用 DIMSPACE 命令调整,该命令可使平行尺寸线按用户指定的数值进行等间距分布。

（4）编辑尺寸标注属性。使用 PROPERTIES 命令可以非常方便地编辑尺寸标注属性。用户一次选取多个尺寸标注，启动 PROPERTIES 命令，AutoCAD 打开【特性】对话框，在此对话框中可修改标注字高、文字样式及总体比例等属性。

（5）修改某一尺寸标注的外观。先通过尺寸样式的覆盖方式调整样式，然后利用 工具去更新尺寸标注。

5.4 综合案例——标注 35kV 变电所二层平面图

【案例 5-10】 打开素材文件"dwg\第 5 章\5-10.dwg"，标注该图形，结果如图 5-51 所示。

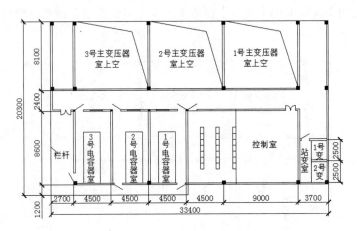

图 5-51 35kV 变电所二层平面图

（1）创建名为"变电所文字"的新文字样式，并填写文字。

① 选择菜单命令【格式】/【文字样式】，或者单击【常用】选项卡中【注释】面板上的 按钮，打开【文字样式】对话框，输入新样式名为"变电所文字"，各设置如图 5-52 所示，单击 应用(A) 按钮，再单击 置为当前(C) 按钮将其置为当前。

图 5-52 【文字样式】对话框

② 单击【常用】选项卡中【注释】面板上的 按钮，对 35kV 变电所二层平面图进行单行文字的编辑，结果如图 5-53 所示。

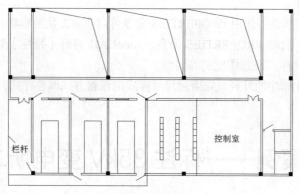

图 5-53　填写单行文字

③ 单击【常用】选项卡中【绘图】面板上的 **A**（多行文字）按钮，填写多行文字，结果如图 5-54 所示。

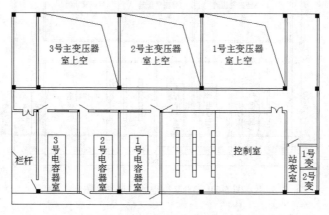

图 5-54　填写多行文字

（2）创建名为 "35kV 变电所变电所二层平面图" 的新尺寸标注样式。

① 选择菜单命令【格式】/【标注样式】，打开【标注样式管理器】对话框，如图 5-55 所示。

② 单击 新建(N)... 按钮，输入样式名为 "35kV 变电所二层平面图"，相关设置如图 5-56 所示。

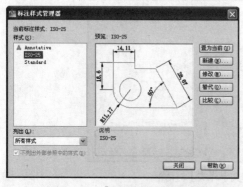

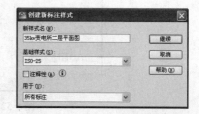

图 5-55　【标注样式管理器】对话框　　　　图 5-56　创建新的标注样式

③ 单击 继续 按钮，打开【新建标注样式】对话框，修改【文字】和【符号和箭头】选项

卡，其设置分别如图 5-57 和图 5-58 所示。

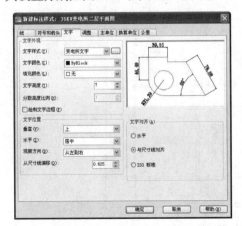

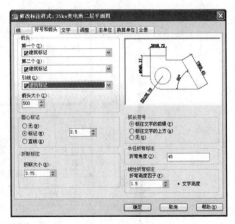

图 5-57　修改【文字】选项卡　　　　图 5-58　修改【符号和箭头】选项卡

④ 单击 确定 按钮，返回【标注样式管理器】对话框，在【样式】列表框中选择 "35kV 变电所二层平面图"，单击 置为当前(C) 按钮，将其置为当前，然后单击 关闭 按钮，关闭【标注样式管理器】对话框。

（3）标注尺寸。

① 单击【注释】选项卡中【标注】面板上的 按钮，启动直线型尺寸标注命令，捕捉 A、B 两点，并移动鼠标光标确定尺寸标注位置，结果如图 5-59 所示。

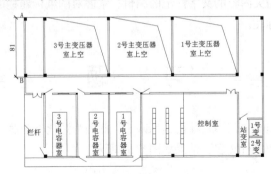

图 5-59　直线型尺寸标注

② 单击【注释】选项卡中【标注】面板上的 按钮，启动连续型尺寸标注命令，依次捕捉 C、D、E 三点，确定尺寸标注位置，结果如图 5-60 所示。

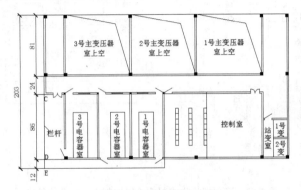

图 5-60　连续型尺寸标注

③ 用同样的方法标注其他相关直线型和连续型尺寸，结果如图 5-61 所示。

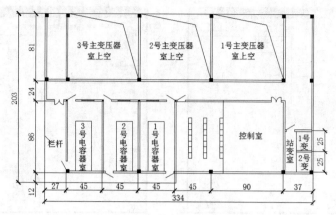

图 5-61　尺寸标注完成

小　　结

本章结合具体实例详细讲解了 AutoCAD 2010 的文字样式、表格样式、尺寸标注样式的创建、使用及修改等编辑操作。通过本章的学习，读者可快速掌握如何利用 CAD 的相关功能实现对图纸元器件符号以及其他相关内容的文字标记的编辑，掌握对图纸标题栏的绘制、文字编辑以及如何对所绘图形进行尺寸标注。

习　　题

1. 打开素材文件"dwg\第 5 章\习题 5-1.dwg"，此图为溴化锂吸收式制冷机组控制主回路及元件表，填写单行文字和多行文字，结果如图 5-62 所示。

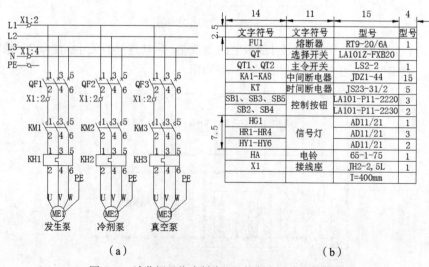

（a）　　　　　　　　　　　　　　　　（b）

图 5-62　溴化锂吸收式制冷机组控制主回路及元件表

操作提示：

（1）创建文字样式。样式名为"电气文字 1"。

（2）创建表格样式。【表格样式】名称"表格样式 1"，指定【文字样式】为"电气文字 1"，表格单元高度和宽度如图 5-62（b）所示。

（3）填写表格。

（4）保存文件并退出草图绘制环境。

2．打开素材文件"dwg\第 5 章\习题 5-2.dwg"，对齐进行尺寸标注，结果如图 5-63 所示。

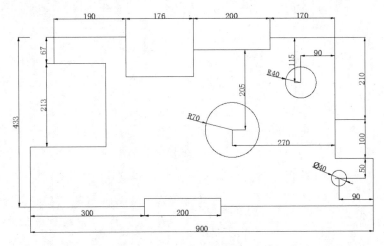

图 5-63　机械图形尺寸标注

操作提示：

（1）设置尺寸标注样式，样式名为"标注样式 2"，设置【箭头大小】为"10"，【文字高度】为"15"。

（2）标注尺寸。

（3）保存文件并退出草图绘制环境。

3．打开素材文件"dwg\第 5 章\习题 5-3.dwg"，此图为 110kV 屋内铝管母线配电装置的出线间隔断面图，对其进行标注，结果如图 5-64 所示。

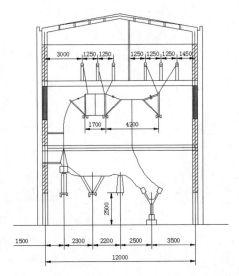

图 5-64　110kV 屋内铝管母线配电装置的出线间隔断面图

操作提示：

（1）设置尺寸标注样式，样式名为"标注样式 3"，设置【箭头大小】为"400"，【文字高度】为"350"。

（2）标注尺寸。

（3）保存文件并退出草图绘制环境。

第6章
图形的布局与打印

【学习目标】

- 掌握图形打印输出的基本操作。
- 掌握打印布局的创建。
- 掌握打印样式的创建。
- 掌握打印参数的设置并打印输出图形。

AutoCAD 为用户提供了强大的图纸打印和输出功能，且实现了与其他软件的交互。本章将详细介绍 AutoCAD 2010 图形打印输出的功能。

6.1 打印过程及参数设置

用户在模型空间中将电气图样布置在标准幅面的图框内，再标注尺寸及书写文字后，就可以输出图形了。输出图形的主要过程如下。

（1）指定打印设备，打印设备可以是 Windows 系统打印机，也可以是在 AutoCAD 中安装的打印机。

（2）选择图纸幅面及打印份数。

（3）设定要输出的内容。例如，可指定将某一矩形区域的内容输出，或是将包围所有图形的最大矩形区域输出。

（4）调整图形在图纸上的位置及方向。

（5）选择打印样式。若不指定打印样式，则按对象的原有属性进行打印。

（6）设定打印比例。

（7）预览打印效果。

命令启动方式如下。

- 菜单命令：【文件】/【打印】。
- 面板：【输出】选项卡中【打印】面板上 🖶 按钮。
- 命令：PLOT。
- 快速访问工具栏：🖶 按钮。

【案例 6-1】　从模型空间打印图形。

（1）连接打印机：将打印机连接到电脑上，并安装驱动程序。

（2）打开素材文件 "dwg\第 6 章\6-1.dwg"，如图 6-1 所示。

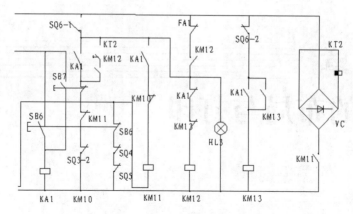

图 6-1　横梁升降控制电路

（3）单击【输出】选项卡中【打印】面板上按钮，或者输入命令 PLOT，弹出【打印】对话框，如图 6-2 所示。

图 6-2　【打印】对话框

（4）在【打印】对话框中设置以下参数。

- 在【打印机绘图仪】分组框的【名称】下拉列表中选择打印设备 "HP LaserJet 1020"。
- 在图纸尺寸中选择 "A4" 幅面图纸。
- 在【打印份数】栏中输入 "1"。
- 在【打印范围】下拉列表中选择选择【显示】选项。
- 在【打印偏移】分组框中选择【居中打印】复选项。
- 在【打印比例】分组框中选择【布满图纸】复选项。
- 在【图形方向】分组框中选择【横向】单选项。
- 在【着色打印】下拉列表中选择【按显示】选项，在【质量】下拉列表中选择【常规】选项。

- 在【打印选项】分组框中选择【打印对象线宽】复选项。
- 在【打印样式表】分组框的下拉列表中选择【monochrome.ctb】（将所有颜色打印为黑色）。

（5）单击 预览(P)... 按钮，预览打印效果，如图 6-3 所示，若效果满意，则单击 按钮开始打印，否则按 ESC 键返回【打印-模型】对话框，重新设置打印参数。

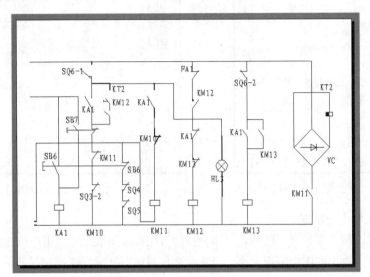

图 6-3　打印预览

下面就【打印】对话框中各命令选项的功能介绍如下。

1.【打印机/绘图仪】分组框

在该分组框的【名称】下拉列表中，用户可选择 Windows 系统打印机或 AutoCAD 内部打印机（".pc3"文件）作为图形的输出设备。当用户选定某种打印设备后，【名称】下拉列表下面将显示被选中设备的名称、连接端口及其他相关信息。

如果用户想修改当前打印设备的相关设置，可单击 特性(R)... 按钮，打开【绘图仪配置编辑器】对话框，在该对话框中重新设置打印设备的相关参数，如图 6-4 所示。该对话框包含【常规】、【端口】、【设备和文档设置】3 个选项卡，其功能介绍如下。

- 【常规】选项卡：用于显示打印机配置文件的基本信息，如配置文件的名称、驱动程序信息和打印机端口等。用户可在此选项卡的【说明】列表框中加入其他注释信息。
- 【端口】选项卡：用于显示并修改打印机与计算机的连接设置，如选定打印端口、指定打印到文件和后台打印等。
- 【设备和文档设置】选项卡：用于设置图纸的来源、尺寸和类型，并能修改颜色深度、打印分辨率等。

2.【打印样式表】分组框

通过该分组框，用户可在其下拉列表中为图形的打印输出选择打印样式。

打印样式是对象的一种特性，如同颜色、线型一样，它用于修改打印图形的外观，若为某个对象选择了一种打印样式，则输出图形后，对象的外观由样式决定。若要修改打印样式，可单击此下拉列表右边的 按钮，打开【打印样式表编辑器】对话框，如图 6-5 所示，利用该对话框用户可查看或改变当前打印样式表中的参数。

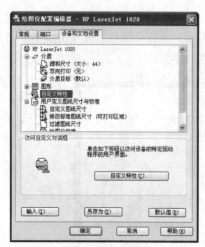

图 6-4 【绘图仪配置编辑器】对话框

图 6-5 【打印样式表编辑器】对话框

3.【图纸尺寸】分组框

该分组框的下拉列表包含了已选定打印设备的可用标准图纸尺寸，用户可在此通过选择图纸的尺寸来确定打印输出的图纸幅面大小。当选择某种幅面图纸时，该列表右上角出现所选图纸及实际打印范围的预览图像。若将鼠标光标移到图像上面，则在鼠标光标的位置处显示精确的图纸尺寸及图纸上可打印区域的尺寸。

要点提示　　若用户不从【图纸尺寸】下拉列表中选择标准图纸，则可自由创建自定义的图纸。此时，用户需修改所选打印设备的配置。

4.【打印区域】分组框

用户可在该分组框中设置要输出的图形范围。该分组框共有 4 个选项，介绍如下。

● 【图形界限】：从模型空间打印时，【打印范围】下拉列表将列出【图形界限】选项。选取该选项，系统就把设定的图形界限范围（用 LIMITS 命令设置图形界限）打印在图纸上。从图纸空间打印时，【打印范围】下拉列表将列出【布局】选项。选取该选项，系统将打印虚拟图纸可打印区域内的所有内容。

● 【范围】：打印图样中的所有图形对象。

● 【显示】：打印整个图形窗口。

● 【窗口】：打印用户自己设定的区域。选取此选项后，系统提示指定打印区域的两个角点，同时在【打印】对话框中显示 窗口(O)< 按钮，单击此按钮，可重新设定打印区域。

5.【打印比例】分组框

通过该分组框用户可以选择 AutoCAD 已设定好的标准缩放打印比例值，也可以选择【自定义】选项，根据需求自行设定打印比例。若要从模型空间打印，则【打印比例】的默认设置是"布满图纸"，此时，系统将缩放图形以充满所选定的图纸。

设置出图比例就是设置图纸尺寸单位与图形单位的比值。假设绘制图形时用户根据实物按 1:1 比例绘图，那么出图时就要确定打印比例。若测量单位是 mm，打印比例设定为 1:2，则表示图纸上的 1mm 代表两个图形单位。

6.【着色视口选项】分组框

该分组框用于指定着色图及渲染图的打印方式，并可设定它们的分辨率。

该分组框中 3 个选项的功能介绍如下。

（1）【着色打印】下拉列表。

- 【按显示】：按对象在屏幕上的显示方式打印对象。
- 【线框】：使用传统 SHADEMODE 命令在线框中打印对象，不考虑其在屏幕上的显示方式。
- 【消隐】：打印对象时消除隐藏线，不考虑其在屏幕上的显示方式。
- 【三维线框】：按"三维线框"视觉样式打印对象，不考虑其在屏幕上的显示方式。
- 【三维隐藏】：按"三维隐藏"视觉样式打印对象，不考虑其在屏幕上的显示方式。
- 【概念】：打印对象时应用"概念"视觉样式，不考虑其在屏幕上的显示方式。
- 【真实】：打印对象时应用"真实"视觉样式，不考虑其在屏幕上的显示方式。
- 【渲染】：按"渲染"的方式打印对象，不考虑其在屏幕上的显示方式。
- 【草稿】：打印对象时应用"草稿"渲染预设，从而以最快的渲染速度生成质量非常低的渲染。
- 【低】：打印对象时应用"低"渲染预设，以生成质量高于"草稿"的渲染。
- 【中】：打印对象时应用"中"渲染预设，可实现质量和渲染速度之间的良好平衡。
- 【高】：打印对象时应用"高"渲染预设。
- 【演示】：打印对象时应用适用于真实照片渲染图像的"演示"渲染预设，处理所需的时间最长。

（2）【质量】下拉列表。

- 【草稿】：将渲染及着色图按线框方式打印。
- 【预览】：将渲染及着色图的打印分辨率设置为当前设备分辨率的 1/4，DPI 的最大值为"150"。
- 【常规】：将渲染及着色图的打印分辨率设置为当前设备分辨率的 1/2，DPI 的最大值为"300"。
- 【演示】：将渲染及着色图的打印分辨率设置为当前设备的分辨率，DPI 的最大值为"600"。
- 【最高】：将渲染及着色图的打印分辨率设置为当前设备的分辨率。
- 【自定义】：将渲染及着色图的打印分辨率设置为【DPI】文本框中用户指定的分辨率，最大可为当前设备的分辨率。

（3）【DPI】文本框。

设定打印图像时每英寸的点数，最大值为当前打印设备分辨率的最大值。只有当【质量】下拉列表中选取了【自定义】后，此选项才可用。

7.【打印偏移】分组框

该分组框用于设定图形在图纸上的打印位置。该分组框共有 3 个选项，介绍如下。

- 【居中打印】：在图纸正中间打印图形（自动计算 x 和 y 的偏移值）。
- 【X】：指定打印原点在 x 方向的偏移值。
- 【Y】：指定打印原点在 y 方向的偏移值。

默认情况下，AutoCAD 从图纸左下角打印图形，打印原点处在图纸左下角位置，坐标是

（0,0）。用户可在【打印偏移】分组框中设定新的打印原点，这样图形在图纸上将沿 x 轴和 y 轴移动。

8.【图形方向】分组框

该分组框用于调整图形在图纸上的打印方向，共有 3 个选项，介绍如下。

- 【纵向】：图形在图纸上的放置方向是水平的。
- 【横向】：图形在图纸上的放置方向是竖直的。
- 【上下颠倒打印】：使图形颠倒打印，此选项可与【纵向】、【横向】结合使用。

9. 预览(P)...按钮

单击该按钮，AutoCAD 将显示实际的图形打印效果。若预览效果满意，则输出图形；若不满意，则可重新设置打印参数，避免图纸的浪费。

6.2　绘图空间管理

绘图空间就是画图的界面，它可以比作一张干净的纸，用户可以在上面随意绘制图形。

6.2.1　图形空间介绍

AutoCAD 的绘图空间包括模型空间和图纸空间。

1. 模型空间

模型空间是完成绘图和设计工作的空间，它不仅能自由地按照物体的实际尺寸绘制图形、进行尺寸标注和文字说明等，还可以完成二维或三维物体造型。模型空间界面如图 6-6 所示。

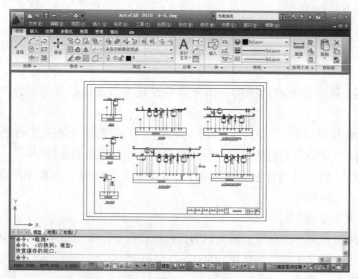

图 6-6　模型空间界面

2. 图纸空间

图纸空间是图纸布局环境，可将其看作一张绘图纸，用户可以对绘制好的图形进行编辑、排列及标注。图纸空间上所有的图形均为二维平面图形。在图纸空间可以设置视口，来展示模型不同部分的视图，对每个视口可以进行独立的编辑、对视图进行标注或文字注释。图纸空间界面如图 6-7 所示。

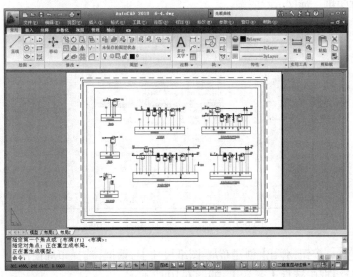

图 6-7　图纸空间界面

6.2.2　创建布局

布局就是一个图纸空间环境，它模拟一张图纸，并提供打印预设值。用户可以在图纸中创建多个布局，每个布局都可以模拟显示图形打印在图纸上的效果。

当打开图形时，图纸空间默认为布局 1 和布局 2，当默认状态下布局不能满足需要时，可以创建新的布局。

1. 命令启动方式

- 菜单命令：【工具】/【向导】/【创建布局】。

【插入】/【布局】/【创建布局向导】。

- 命令：LAYOUTWIZARD。

【案例 6-2】　创建图形布局。

（1）选择菜单命令【工具】/【向导】/【创建布局】，弹出【创建布局-开始】对话框，输入新布局的名称为"打印布局"，如图 6-8 所示。

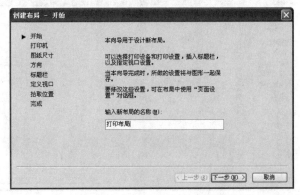

图 6-8　【创建布局-开始】对话框

（2）单击 下一步(N) > 按钮，弹出【创建布局-打印机】对话框，在该对话框的列表框中选择【HP

LaserJet 1020】打印机，如图 6-9 所示。

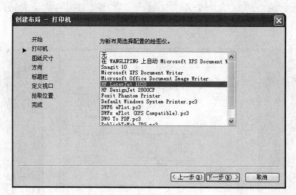

图 6-9　【创建布局-打印机】对话框

（3）单击 下一步(N) > 按钮，弹出【创建布局-图纸尺寸】对话框，选择布局使用的图纸尺寸为"A4"，在【图形单位】分组框中选择【毫米】，如图 6-10 所示。

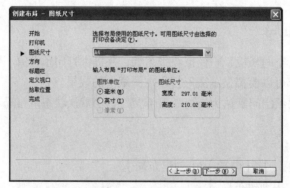

图 6-10　【创建布局-图纸尺寸】对话框

（4）单击 下一步(N) > 按钮，弹出【创建布局-方向】对话框，选择图形在图纸上的方向为"横向"，如图 6-11 所示。

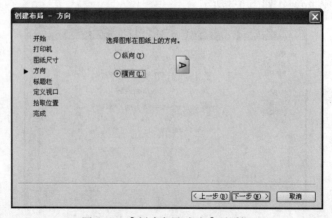

图 6-11　【创建布局-方向】对话框

（5）单击 下一步(N) > 按钮，弹出【创建布局-标题栏】对话框，选择此布局的标题栏为系统默认

“无”，如图 6-12 所示。

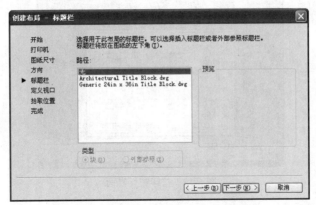

图 6-12　【创建布局-标题栏】对话框

（6）单击 下一步(N) > 按钮，弹出【创建布局-定义视口】对话框（视口是显示用户模型不同视图的区域），选择【视口设置】为【单个】，选择【视口比例】为【按图纸空间缩放】，如图 6-13 所示。

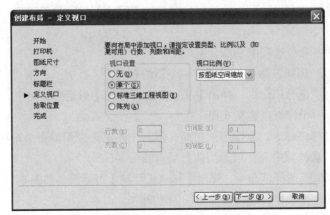

图 6-13　【创建布局-定义视口】对话框

（7）单击 下一步(N) > 按钮，弹出【创建布局-拾取位置】对话框，选择位置为默认，如图 6-14 所示。

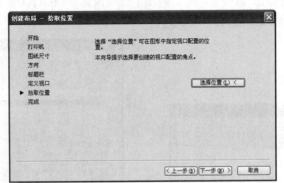

图 6-14　【创建布局-拾取位置】对话框

（8）单击 下一步(N) > 按钮，再单击 完成 按钮，创建布局完成，结果如图 6-15 所示。

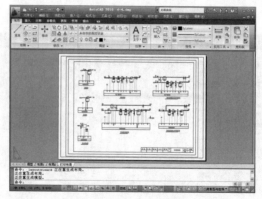

图 6-15　打印布局界面

6.2.3　管理布局

在各布局按钮上单击鼠标右键，弹出快捷菜单，用户可对图纸布局进行修改等管理操作，如图 6-16 所示。

如果要修改页面布局，就可在图 6-16 所示的快捷菜单中选择【页面设置管理器】命令，通过修改布局的页面设置，将图形按不同比例打印到不同尺寸的图纸上。

布局快捷菜单中各命令选项的功能介绍如下。

* 【新建布局】：选择该命令，可创建一个新的布局。

* 【来自样板】：选择该命令，弹出【从文件选择样板】对话框，用户可从该对话框中选择一个样板创建新布局。

图 6-16　快捷菜单

* 【删除】：选择该命令，删除当前布局，但系统要求至少保留一个布局。

* 【重命名】：选择该命令，可为当前布局重新命名。

* 【移动或复制】：选择该命令，弹出【移动或复制】对话框，如图 6-17 所示，用户可在该对话框中改变布局的排列顺序，还可以为布局创建副本。

* 【选择所有布局】：选择该命令，将选中所有布局。

* 【激活前一个布局】：选择该命令，将选中最后一次激活的布局。

* 【激活模型选项卡】：选择该命令，将切换到模型选项卡。

* 【页面设置管理器】：选择该命令，弹出【页面设置管理器】对话框，如图 6-18 所示，利用该对话框可以新建、修改和输入选中的布局。

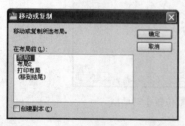

图 6-17　【移动或复制】对话框

图 6-18　【页面设置管理器】对话框

在【当前页面设置】列表框中选择【打印布局】后，单击 修改(M)... 按钮，弹出【页面设置-打印布局】对话框，通过该对话框用户可以修改布局，如图 6-19 所示。

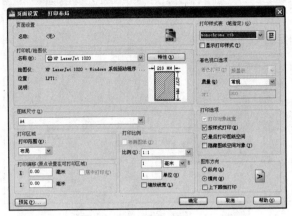

图 6-19　【页面设置-打印布局】对话框

- 【打印】：打印当前布局。

【案例 6-3】　从图纸空间打印图形。

（1）打开素材文件 "dwg\第 6 章\6-3.dwg"，单击绘图区左下角的 布局1 ，激活 "布局 1"，进入图纸空间界面，如图 6-20 所示。

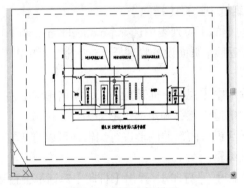

图 6-20　图纸空间界面

（2）单击虚线框内部的矩形框，删除当前视口。

（3）在 布局1 上单击鼠标右键，弹出快捷菜单，如图 6-21 所示，选择【页面设置管理器】命令，弹出【页面设置管理器】对话框，如图 6-22 所示。

图 6-21　快捷菜单

图 6-22　【页面设置管理器】对话框

（4）单击 修改(M)... 按钮，弹出【页面设置-布局 1】对话框，如图 6-23 所示。

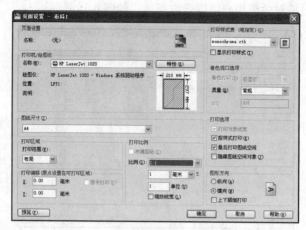

图 6-23　【页面设置-布局 1】对话框

① 在【打印机/绘图仪】分组框的【名称】下拉列表中选择【HP LaserJet 1020】。

② 在【图纸尺寸】下拉列表中选择【A4】幅面图纸。

③ 在【打印范围】下拉列表中选择选择【布局】选项。

④ 在【打印比例】分组框中设置比例为默认。

⑤ 在【图形方向】分组框中选择【横向】。

⑥ 在【打印样式】分组框的下拉列表中选择【monochrome.ctb】（将所有颜色打印为黑色）。

⑦ 单击 确定 按钮，返回【页面设置管理器】对话框，再单击 关闭(C) 按钮，完成"布局 1"的设置。

（5）单击【视图】选项卡中【视口】面板 按钮，单击虚线框左下角内部的适当位置作为视口的一点拉到右上角虚线内部适当点，确定的矩形即为视口区域。

（6）双击视口内部，激活视口内部的图形进行编辑，可以将要打印的图形移动到视口内部，再次双击视口外部取消对其编辑。

（7）选择菜单命令【文件】/【打印】，弹出【打印】对话框，设置参数如图 6-24 所示。

图 6-24　【打印】对话框

（8）单击 预览(P)... 按钮，预览打印效果，如图 6-25 所示。若满意单击🖨按钮，开始打印，否则按 ESC 键返回【打印】对话框，重新设置打印参数后再打印。

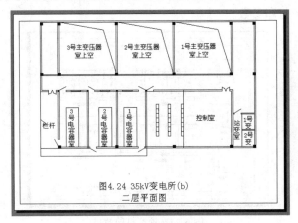

图 6-25　预览效果图

6.3　综合案例——打印图形

【案例 6-4】　从模型空间打印图形。

（1）打开素材文件"dwg\第 6 章\6-4.dwg"，如图 6-26 所示。

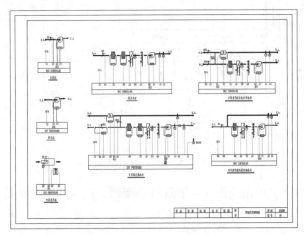

图 6-26　空调控制系统图

（2）调整图幅至正中位置，并充满整个绘图窗口。

（3）键入命令"PLOT"或单击【输出】选项卡中【打印】面板上的🖨按钮，启动【打印】对话框。

（4）在【打印机/绘图仪】分组框的【名称】下拉列表中选择【HP LaserJet 1020】。

（5）在【图纸尺寸】下拉列表中选择【A4】幅面图纸。

（6）在【打印范围】下拉列表中选择【窗口】选项，回到模型空间，用矩形框选择要打印的范围。

（7）在【打印偏移】分组框中选择【居中打印】复选项。

（8）在【打印比例】分组框中选择【布满图纸】复选项。

（9）在【打印样式表】下拉列表中选择【monochrome.ctb】（将所有颜色打印为黑色）。

（10）在【图形方向】分组框中选择【横向】单选项。

（11）预览打印效果，如图 6-27 所示。若合适，直接打印。若不合适，则按 ESC 键返回【打印】对话框，重新设置打印参数。

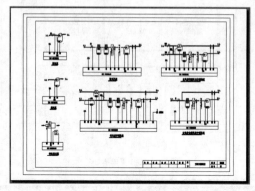

图 6-27　预览打印效果

【案例 6-5】　打开素材文件"dwg\第 6 章\6-5.dwg"，如图 6-28 所示，从图纸空间打印输出该图形。

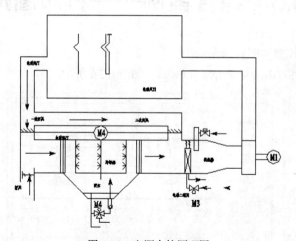

图 6-28　空调自控原理图

（1）转换到图纸空间。单击绘图区左下角的 布局1 ，进入到图纸空间，如图 6-29 所示。

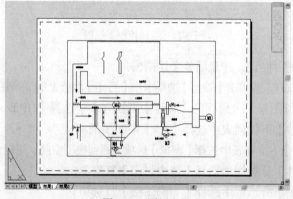

图 6-29　图纸空间

（2）删除当前视口。

（3）设置图纸空间布局。

① 用鼠标右键单击 布局1 ，弹出快捷菜单，如图 6-30 所示。

② 选择【页面设置管理器】命令，弹出如图 6-31 所示的【页面设置管理器】对话框。

图 6-30　快捷菜单　　　　　图 6-31　【页面设置管理器】对话框

③ 单击 修改(M)... 按钮，弹出【页面设置-布局 1】对话框，设置相关参数，如图 6-32 所示。单击 关闭(C) 按钮，关闭对话框。

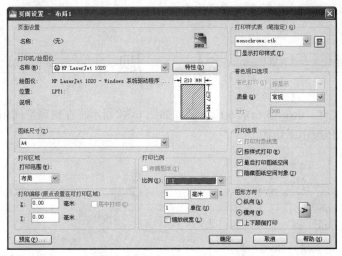

图 6-32　【页面设置-布局 1】对话框

（4）创建视口。

① 单击【视图】选项卡中【视口】面板上的 按钮，单击虚线框左下角内部的适当位置作为视口的一点拉到右上角虚线内部的适当点，完成视口创建。

② 双击视口内部，移动要打印的图幅至正中，并充满视口区域。

③ 双击视口外部，完成视口设置。

（5）打印布局。

单击【输出】选项卡中【打印】面板上的 按钮，弹出【打印】对话框，单击 预览(P)... 按钮，观察打印效果，如图 6-33 所示。如果合适，单击 按钮完成打印。如果不合适，就单击 按钮，返回【打印】对话框，重新设置打印参数。

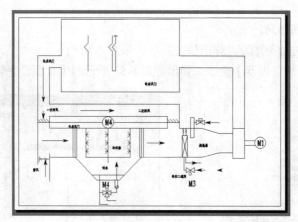

图 6-33　预览打印效果

小　　结

　　本章结合具体案例重点讲解了 CAD 的图形打印输出，对图形空间管理和参数设置做了详细介绍，便于用户在短时间内高效掌握本章内容。

习　　题

　　1. 打开素材文件"dwg\第 6 章\6-6.dwg"，如图 6-34 所示，在模型空间用 A3 图幅，以适当比例打印此工厂低压配电系统图。

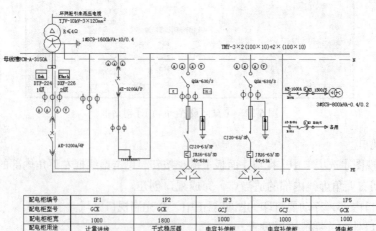

配电柜编号		1P1	1P2	1P3	1P4	1P5
配电柜型号		GCK	GCK	GCJ	GCJ	GCK
配电柜柜宽		1000	1800	1000	1000	1000
配电柜用途		计量进线	干式稳压器	电容补偿柜	电容补偿柜	馈电柜
主要元件	隔离开关			QSA-630/3	QSA-630/3	
	断路器	AE-3200A/4P	AE-3200A/3P	CJ20-63/3	CJ20-63/3	AE-1600AX2
	电流互感器	3×LMZ2-0.66-1500/5 4×LMZ2-0.66-3000/5	3×LMZ2-0.66-3000/5	3×LMZ22-0.66-500/5	3×LMZ22-0.66-500/5	6×LMZ2-0.66-1500/5
	仪表规格	DTF-224 1级 6L2-A×3 DTF-226 2级 6L2-V×1	6L2-A×3	6L2-A×3 6L2-COS φ	6L2-A×3	6L2-A
	负荷名称/容量	SC9-1600kVA	1600kVA	12×30=360kVAR	12×30=360kVAR	
母线及进出线电缆		母线槽FCM-A-3150A		配十二步自动投切	与主柜联动	

图 6-34　工厂低压配电系统图

2．打开素材文件 "dwg\第 6 章\6-7.dwg"，如图 6-35 所示，在图纸空间用 A4 图幅，以适当比例打印此消防泵电动机控制主回路图。

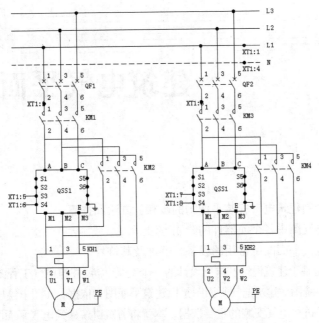

图 6-35　消防泵电动机控制主回路

第7章

建筑电气平面图设计

【学习目标】

- 熟练掌握绘制建筑电气安装平面图的步骤、方法和技巧。
- 掌握建筑电气图中各个元器件的绘制方法。
- 了解建筑电气平面图中常用的设备、器件及其符号。

建筑电气设计是基于建筑设计和电气设计的一个交叉学科。建筑电气工程图一般又分为建筑电气平面图和建筑电气系统图。建筑电气平面图是以建筑平面图为依据，在图上绘出电气设备、装置及线路的安装位置等，是进行电气安装的主要依据。本章将着重讲解建筑电气平面图的绘制方法和技巧。

7.1 创建自定义样板文件

用 AutoCAD 绘图时，为当前图形设置的图层、文字样式、标注样式等仅存储在当前图纸文件里，对新建的文件不起作用，还要重新设置。若所要绘制的批量图形均可以采用相同的图层设置、文字样式、标注样式及表格样式，则用户可在绘制图形之前事先设置好图层、文字样式、标注样式及其他希望保存的选项，再将该文件另存为"AutoCAD 图形样板（.dwt）"，下次使用时直接选择该样板文件即可。

本节将着重讲解如何为具有相同图层、文字样式、标注样式和表格样式的建筑电气平面图创建通用的自定义样板文件。

7.1.1 设置图层

一共设置以下 4 个图层："Defpoints"、"标注层"、"图签"和"文字层"，设置好的各图层属性如图 7-1 所示。

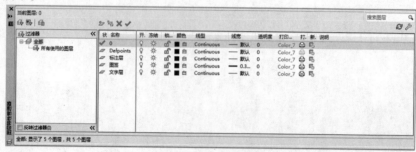

图 7-1 图层设置

7.1.2　设置文字样式

（1）选择菜单命令【格式】/【文字样式】，弹出【文字样式】对话框，如图 7-2 所示。

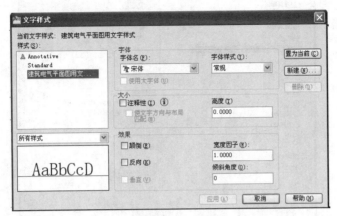

图 7-2　【文字样式】对话框

（2）新创建名为"建筑电气平面图用文字样式"的文字样式，设置【字体】为"宋体"，设置【字体样式】为"常规"，其余采用默认设置，并将该文字样式置为当前文字样式。

7.1.3　设置标注样式

（1）单击【常用】选项卡中【注释】面板上的 按钮，弹出【标注样式管理器】对话框，如图 7-3 所示。

（2）单击 新建(N)... 按钮，弹出【创建新标注样式】对话框，在【新样式名】文本框中输入"建筑电气平面图用标注样式"，在【基础样式】下拉列表中选择【ISO-25】，在【用于】下拉列表中选择【所有标注】，如图 7-4 所示。

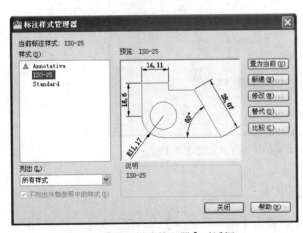

图 7-3　【标注样式管理器】对话框

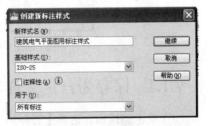

图 7-4　【创建新标注样式】对话框

（3）单击 继续 按钮，打开【新建标注样式】对话框，进入【符号与箭头】选项卡，设置【箭头】分组框中的各选项为【建筑标记】，如图 7-5 所示。进入【文字】选项卡，在文字样式下拉列表中选择【建筑电气平面图用文字样式】。

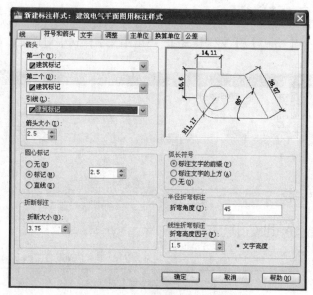

图 7-5 【新建标注样式】对话框

（4）单击 确定 按钮，返回【标注样式管理器】对话框，如图 7-6 所示，单击 置为当前(U) 按钮，将新建的"建筑电气平面图用标注样式"设置为当前使用的标注样式，然后单击 关闭 按钮，完成标注样式创建。

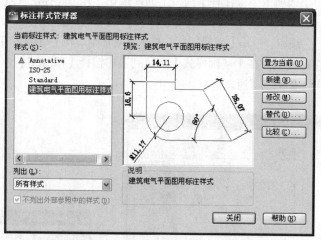

图 7-6 创建新标注样式后的【标注样式管理器】对话框

7.1.4 保存为自定义样本文件

（1）单击 按钮，选择【另存为】命令，弹出【图形另存为】对话框，在【文件名】栏中输入"建筑电气平面图用样板"，在【文件类型】下拉列表中选择【AutoCAD 图形样板（*.dwt）】，如图 7-7 所示。

（2）单击 保存(S) 按钮，弹出【样板选项】对话框，在【测量单位】下拉列表中选择【公制】，在【新图层通知】分组框中选择【将所有图层另存为未协调】单选项，如图 7-8 所示。

图 7-7　【图形另存为】对话框　　　　　　　　　图 7-8　【样板选项】对话框

（3）单击 确定 按钮，关闭【样板选项】对话框，样板文件创建完毕。

7.2　实例 1——实验室照明平面图绘制

图 7-9 所示为生物、化学实验室配电系统及闭路电视平面图，本实例通过对实验室照明平面图的绘制掌握轴线、墙体、窗户、灯具、插座、门、楼梯等的绘制方法。

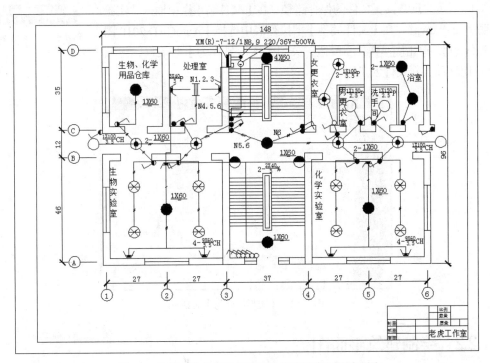

图 7-9　生物、化学实验室配电系统及闭路电视平面图

7.2.1　建立新文件

（1）在命令行键入命令"NEW"或单击快速访问工具栏上的 按钮，弹出【选择样板】对话

框,如图 7-10 所示。从【名称】列表框中选择样板文件为"建筑电气平面图用样板.dwt",然后单击 [打开⑩] 按钮,进入 CAD 绘图环境。

图 7-10　【选择样板】对话框

 要点提示　　若不需要样板文件,就在【选择样板】对话框中单击 [打开⑩] 按钮之后的 按钮,在弹出的下拉菜单(见图 7-11)中选择【无样板打开-公制】,系统自动进入无样板文件限定的 CAD 绘图环境,用户再自由设置图层等相关属性即可实现绘图操作。

(2)单击 按钮,选择【另存为】命令,弹出【图形另存为】对话框,如图 7-12 所示,重新设置文件的保存路径,在【文件名】栏中输入"实验室照明平面图.dwg",在【文件类型】下拉列表中选择【AutoCAD 2010 图形(*.dwg)】,单击 [保存⑤] 按钮,关闭【图形另存为】对话框,返回 CAD 绘图界面,新文件创建完毕。

图 7-11　下拉菜单

图 7-12　【图形另外为】对话框

7.2.2　绘制建筑平面图

1.　绘制轴线和墙体

(1)设定绘图区域大小为 210 × 149。

(2)在命令行中输入命令"OSNAP",弹出【草图设置】对话框,如图 7-13 所示,将其中的选项全部选中,以便于后期的操作。

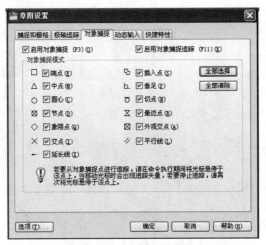

图 7-13　【草图设置】对话框

（3）单击【常用】选项卡中【绘图】面板上的 ⊘ 按钮，绘制半径为 2.5 的圆，单击 ✍ 按钮，以圆心为起点，绘制长度为 10 的线段，结果如图 7-14 所示。

（4）单击【修改】面板上的 ⊹ 按钮，修剪图形，然后单击【注释】面板上的 **A** 按钮，使用"建筑电气平面图用文字样式"在圆内部填写符号 A，结果如图 7-15 所示。

图 7-14　绘制圆和线段　　　　　　　图 7-15　修剪图形并添加文字

（5）打开正交模式 ⌐，单击【修改】面板上的 ⌷ 按钮，将图 7-15 所示的线段依次向上偏移 46、12、35，再利用 ⌷ 工具将圆及符号 A 复制到相应的位置，结果如图 7-16 所示。

（6）用与步骤（3）～（5）相同的方法创建其余轴线，其中纵向线段依次向右偏移的距离为 27、27、37、27、27，结果如图 7-17 所示。

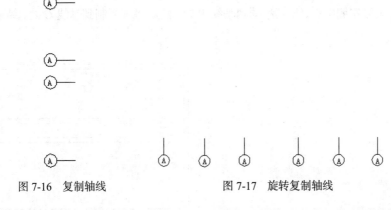

图 7-16　复制轴线　　　　　　　图 7-17　旋转复制轴线

（7）双击图 7-16 和图 7-17 所示的符号 A，将其激活并修改文字，然后移动图 7-17 所示的图形至适当位置，结果如图 7-18 所示。其中，符号 A 所在圆的圆心距符号 1 所在圆的圆心的相对位置为（-14.5,14.5）。

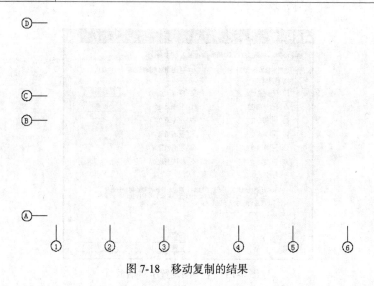

图 7-18　移动复制的结果

（8）绘制矩形并偏移。矩形的绘制起点距基线 1 与基线 D 交点的偏移值为（−1.5,1.5），尺寸为 148×96，如图 7-19 所示。然后将矩形向里偏移 3，结果如图 7-20 所示。

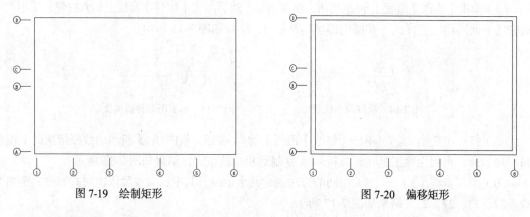

图 7-19　绘制矩形　　　　　　　　　　　　　　　　图 7-20　偏移矩形

（9）在屏幕的适当位置绘制 148×3 的小矩形，如图 7-21 所示。

（10）捕捉小矩形左侧中点，将其移动到基线 B 处，然后将其复制到基线 C 处，结果如图 7-22 所示。

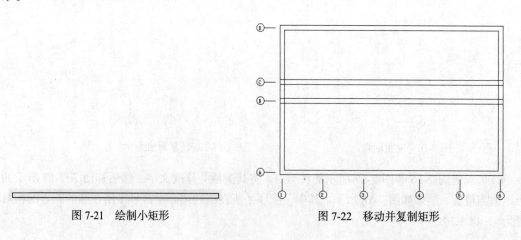

图 7-21　绘制小矩形　　　　　　　　　　　图 7-22　移动并复制矩形

（11）在屏幕的适当位置绘制 3×96 的小矩形，如图 7-23 所示。然后将其移动到基线 2 的位置，之后水平复制到基线 3、4、5 处，结果如图 7-24 所示。

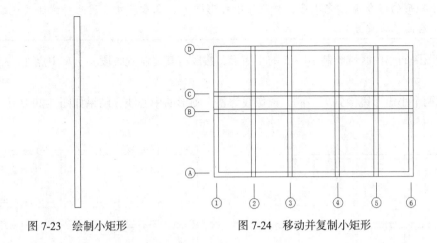

图 7-23　绘制小矩形　　　　　　　　图 7-24　移动并复制小矩形

（12）修剪多余线段，结果如图 7-25 所示。

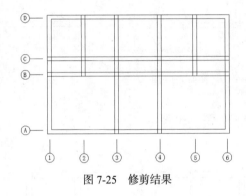

图 7-25　修剪结果

2．绘制门洞

（1）在绘图区域的空白处绘制 10×5 的小矩形，然后将其复制到基线 3、4 之间最底边墙体的中点上，结果如图 7-26 所示。

（2）修剪多余线条，并删除步骤（1）绘制的小矩形，结果如图 7-27 所示。

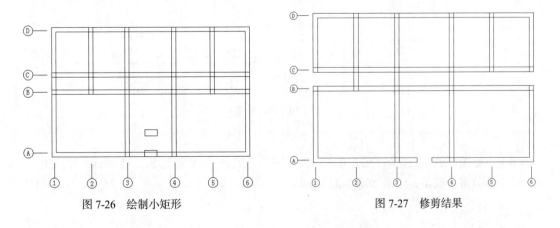

图 7-26　绘制小矩形　　　　　　　　图 7-27　修剪结果

要点提示 在图 7-26 的空白处绘制小矩形，以便于将小矩形复制到适当位置。所有有关复制该小矩形的命令操作完毕后，再删除小矩形即可。本章多处采用此种方法实现绘图操作，后面不再重复。

（3）在绘图区的空白区域绘制 14×5 的小矩形，然后将其复制到线段 M、N 中点处，结果如图 7-28 所示。

（4）将这两个小矩形镜像到另一侧，镜像线为整个图形的中心线，结果如图 7-29 所示。

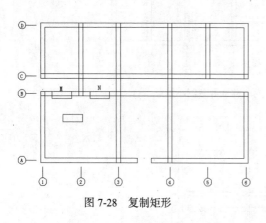

图 7-28 复制矩形

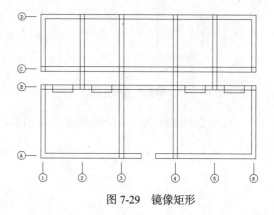

图 7-29 镜像矩形

（5）修剪多余线条，结果如图 7-30 所示。

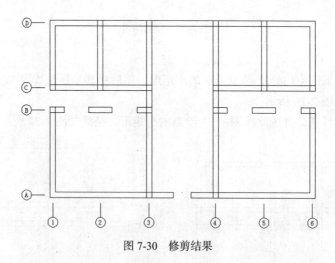

图 7-30 修剪结果

（6）在绘图区的空白区域绘制 10×5 的小矩形，然后将其复制到图 7-31 所示的中点上。

（7）修剪多余线条，结果如图 7-32 所示。

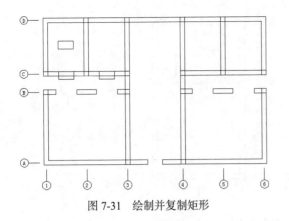
图 7-31　绘制并复制矩形

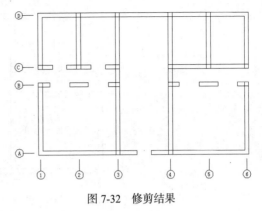
图 7-32　修剪结果

（8）在绘图区的空白区域绘制 7×5 的小矩形，然后将其复制到图 7-33 所示的各中点位置，如图 7-33 所示。修剪多余线条，结果如图 7-34 所示。

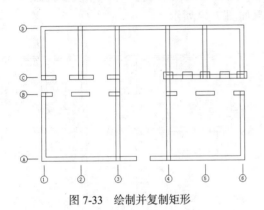
图 7-33　绘制并复制矩形

图 7-34　修剪结果

（9）选择菜单命令【绘图】/【多线】，设定比例为 1，捕捉墙体 G 的底边中点为起始点，绘制高为 20 的多线，结果如图 7-35 所示。

（10）修剪多余线条，结果如图 7-36 所示。

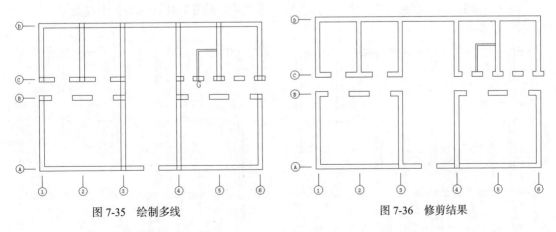
图 7-35　绘制多线

图 7-36　修剪结果

（11）以基线 5 为镜像线，镜像修剪后的多线，结果如图 7-37 所示。

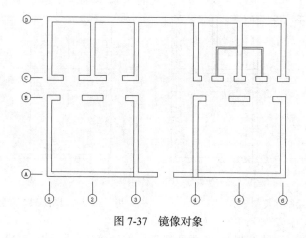

图 7-37　镜像对象

3. 绘制窗洞

（1）在绘图区的空白区域绘制 20×3 的小矩形，然后在其中间绘制一条水平线段，如图 7-38 所示。然后将其复制到相应墙壁段的中点处，结果如图 7-39 所示。

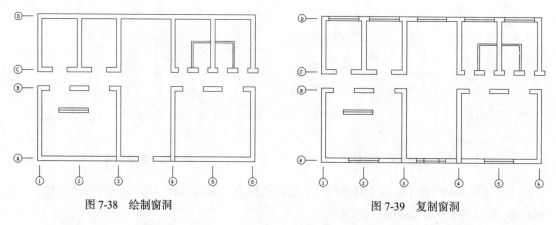

图 7-38　绘制窗洞　　　　　　　　　　　图 7-39　复制窗洞

（2）修剪基线 A 与基线 3、基线 4 相交所得墙体上的窗体，结果如图 7-40 所示。

（3）将步骤（1）绘制的窗洞旋转 90°，然后将其复制到图 7-41 所示的各中点处。

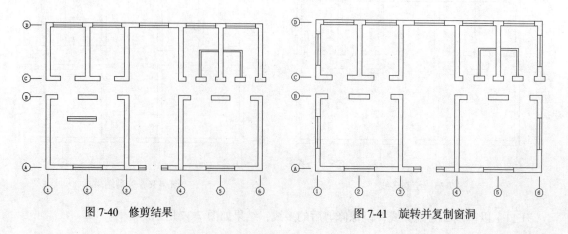

图 7-40　修剪结果　　　　　　　　　　　图 7-41　旋转并复制窗洞

4. 绘制楼梯

（1）在绘图区的空白区域绘制 4×25 的小矩形，然后捕捉小矩形顶边中点并将其移至距线段 *OP* 的偏移值为（0,−5）的位置处，结果如图 7-42 所示。

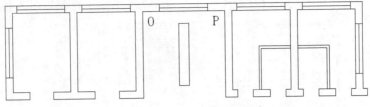

图 7-42　绘制并移动小矩形

（2）将小矩形向里偏移 1，并绘制线段，线段起点为矩形外围右侧边的中点，结果如图 7-43 所示。

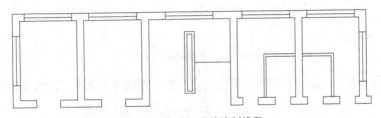

图 7-43　偏移矩形并绘制线段

（3）将线段垂直向上、垂直向下各偏移 7 次，偏移距离为 1.5，结果如图 7-44 所示。

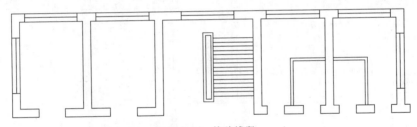

图 7-44　偏移线段

（4）以 4×25 小矩形的纵向中心线为镜像线，镜像小矩形右侧的各水平线段到另一侧，然后将其复制到距楼梯大矩形上边中点向下 48 的位置处，结果如图 7-45 所示。

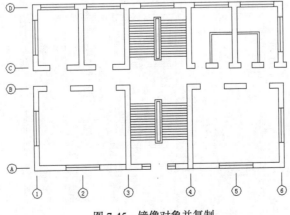

图 7-45　镜像对象并复制

5. 插入门

（1）连接基线 B 与基线 1、基线 2 相交所得两段墙体的底边，并在点 A、B 处作两条长度为 5 的线段，捕捉线段 AB 的中点 O 作一条适当长度的垂直线段 OD，如图 7-46 所示。

（2）利用起点（O）、端点（C）、半径（7）方式绘制圆弧，结果如图 7-46 所示。

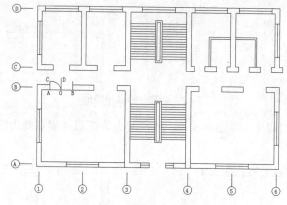

图 7-46　绘制线段与圆弧

（3）以线段 OD 为镜像线，将圆弧镜像到另一侧，并删除多余线段，结果如图 7-47 所示。

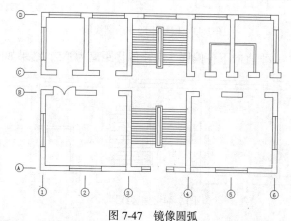

图 7-47　镜像圆弧

（4）以相同的方法绘制其他两种型号的门，各门高度均为 5，各门宽度按图中所给定宽度为准，结果如图 7-48 所示。

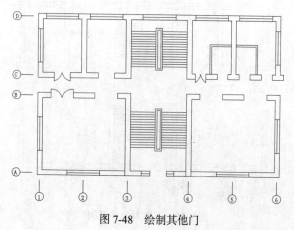

图 7-48　绘制其他门

（5）分别复制图 7-48 所示的 3 种门到适当位置，结果如图 7-49 所示。

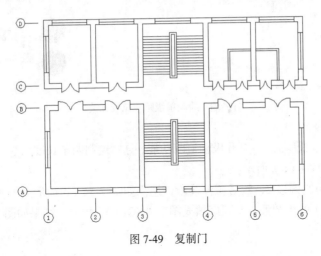

图 7-49　复制门

7.2.3　绘制各元件符号

1. 绘制照明配电箱

（1）绘制一个 2×5 的矩形，并在其中间绘制一条垂直线段，结果如图 7-50（a）所示。

（2）利用填充图案 "SOLID" 填充矩形的左部分，结果如图 7-50（b）所示。

2. 绘制单极明装开关、单级暗装开关与防爆单极开关

（1）绘制半径为 1 的圆。打开极轴追踪功能，捕捉圆心并绘制长度为 5 且与水平方向成 30° 夹角的线段，继续沿线段末端绘制与其成 90° 夹角且长度为 2 的线段，修剪圆中的线段，结果如图 7-51（a）所示，即为单级明装开关。

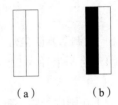

（a）　　　　（b）

图 7-50　绘制照明配电箱

（2）利用填充图案 "SOLID" 填充圆，结果如图 7-51（b）所示，即为单级暗装开关。

（3）复制图 7-51（a），再过圆心绘制一条纵向线段，结果如图 7-52（b）所示。

（4）利用填充图案 "SOLID" 填充右半圆，结果如图 7-52（b）所示，即为防爆单级开关。

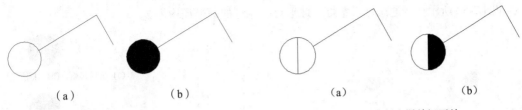

（a）　　　　　　　（b）　　　　　　　　　　　（a）　　　　　　　（b）

图 7-51　绘制单级明装和暗装开关　　　　　　图 7-52　绘制防爆单级开关

3. 绘制单级暗装拉线开关

（1）复制两个图 7-51（b），垂直复制距离为 2.5。延伸线段 F、E 相交于 G 点，结果如图 7-53（a）所示。

（2）以 G 为起点，绘制起点宽度为 0、端点宽度为 1、沿线段 EG 方向长度为 2 的多线，结果如图 7-53（a）所示，即为单级暗装拉线开关。

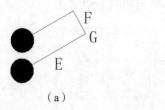
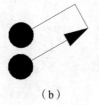

图 7-53   绘制单级暗装拉线开关

4. 绘制暗装插座

（1）绘制线段 *HI*，长度为 2。打开极轴追踪功能，分别绘制两条长度为 3、角度为 150°和 210°的线段，结果如图 7-54（a）所示。

（2）将线段 *HI* 向左偏移 2，然后拉伸线段，结果如图 7-54（b）所示。

（3）绘制半径为 1 的半圆弧，并利用填充图案 "SOLID" 填充，结果如图 7-54（c）所示，即为暗装插座。

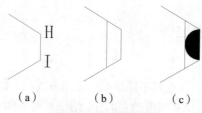

图 7-54   绘制暗装插座

5. 绘制防水防尘灯

（1）绘制半径为 2.5 的圆，然后向里偏移 1.5，并将小圆填充为黑色，结果如图 7-55（a）所示。

（2）在圆内绘制一条水平和垂直直径，结果如图 7-55（b）所示。

6. 绘制三管荧光灯

（1）绘制线段，其水平长度为 3、垂直长度为 5，结果如图 7-56（a）所示。

（2）将水平线段向下偏移 5，将垂直线段向左偏移，偏移量依次为 0.75、0.75、0.75，并删除最右边的垂直线段，结果如图 7-56（b）所示，即为三管荧光灯。

7. 绘制普通吊灯、壁灯、球形灯、花灯等其他灯具图形符号

如图 7-57 所示。普通吊灯、壁灯、球形灯、花灯的圆半径均为 2。

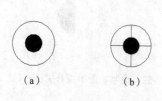

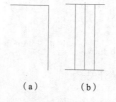

(a) 普通吊灯   (b) 球形灯

(c) 花灯   (d) 壁灯

图 7-55   绘制防水防尘灯   图 7-56   绘制三管荧光灯   图 7-57   其他灯具符号

7.2.4   安装各元件符号

（1）安装配电箱。将配电箱移至图 7-58（a）所示的位置。

（2）安装单级暗装拉线开关。将单级暗装拉线开关移至图 7-58（b）所示的位置。

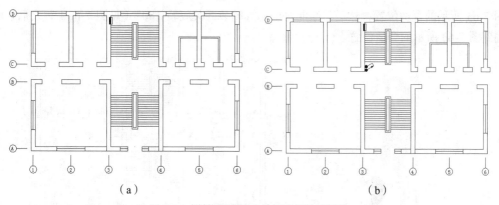

图 7-58　安装配电箱、单极暗箱拉线开关

（3）安装单级暗装开关。将单级暗装开关复制到图 7-59（a）所示的位置，并对上侧楼梯右下角处的单级暗装开关绘制折线，结果如图 7-59（b）所示。

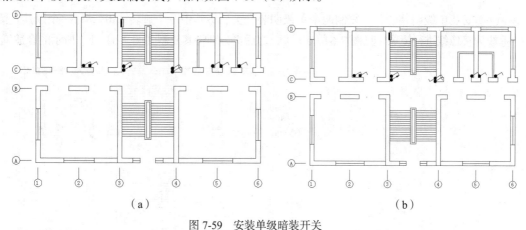

图 7-59　安装单级暗装开关

要点提示

　　　　　为避免图形过于繁琐，以后在绘制图形时省去实验室的门。

（4）复制一个单级暗装开关并旋转 180°，结果如图 7-60 所示，然后将其复制到实验室的其他位置，结果如图 7-61 所示。

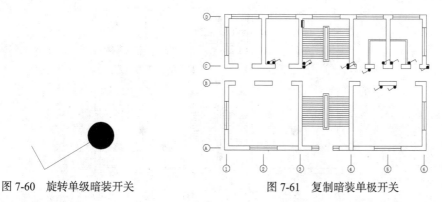

图 7-60　旋转单级暗装开关　　　　图 7-61　复制暗装单极开关

（5）安装防爆暗装开关，将其放置在危险品仓库、化学实验室门的旁边。复制防爆暗装开关

到图 7-63 所示的合适位置，然后将绘制好的防爆暗装开关旋转 180°（见图 7-62），之后再将其复制到图 7-63 所示的合适位置。

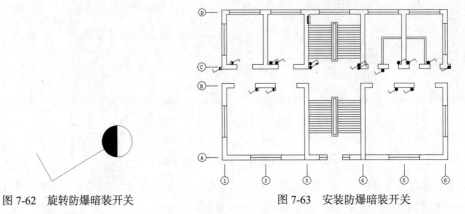

图 7-62　旋转防爆暗装开关　　　　　图 7-63　安装防爆暗装开关

（6）安装单级明装开关。复制两个单级明装开关，将其中一个旋转 180°，另一个以其左侧任一垂线为镜像线进行镜像（见图 7-64（a）），之后再分别将其复制到图 7-64（b）所示的合适位置。

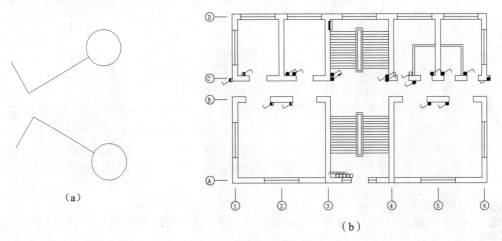

（a）

（b）

图 7-64　安装单级明装开关

（7）安装灯。将各种灯具复制到图 7-65 所示的位置。

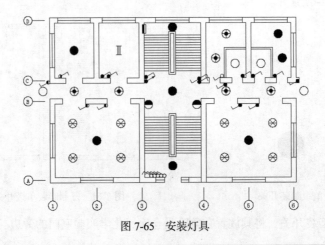

图 7-65　安装灯具

（8）安装暗装插座。

将图 7-54 所示的暗装插座复制两份，并分别旋转 180°、−90°、90°，结果如图 7-66 所示。移动图 7-54 和图 7-66（a）所示的暗装开关到适当位置，移动并复制图 7-66（b）、（c）所示的暗装开关到适当位置，结果如图 7-67 所示。

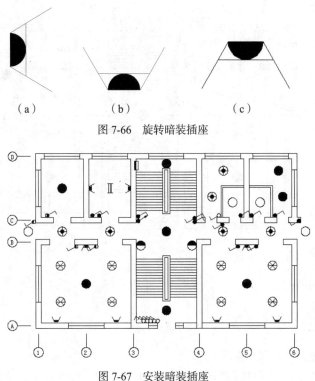

（a）　　　　　　（b）　　　　　　（c）

图 7-66　旋转暗装插座

图 7-67　安装暗装插座

（9）绘制其他。

在配电箱右侧绘制一个尺寸适当的实心圆用作穿线管和 1 个变压器，在上侧楼梯左下角的单级暗装拉线开关上侧以适当尺寸绘制一个向上配电的符号，再绘制相应连接线连接各元器件，并且在相应连接线上绘制平行的短斜线，表示他们的相数，结果如图 7-68 所示。

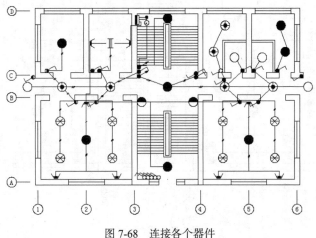

图 7-68　连接各个器件

7.2.5　标注文字

单击【常用】选项卡中【注释】面板上的A按钮，给实验室照明电路图添加文字，结果如图 7-69 所示。

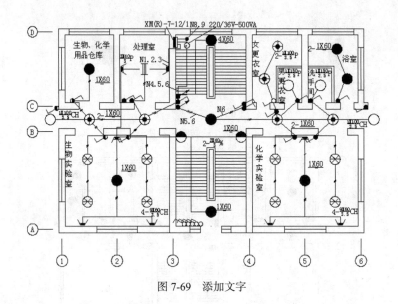

图 7-69　添加文字

7.2.6　标注尺寸

对实验室照明电路进行尺寸标注。

（1）单击【常用】选项卡中【修改】面板上的 按钮，标注图形，结果如图 7-70 所示。

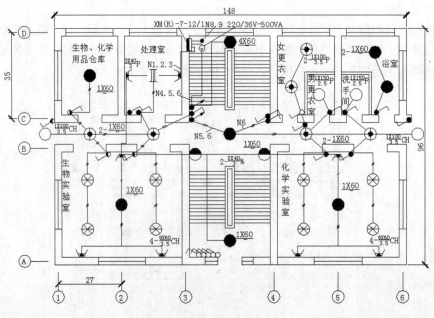

图 7-70　线性标注

（2）单击【常用】选项卡中【修改】面板上的 ⊢⊣ 按钮，使用连续标注对剩余基线之间的距离进行尺寸标注，结果如图 7-71 所示。

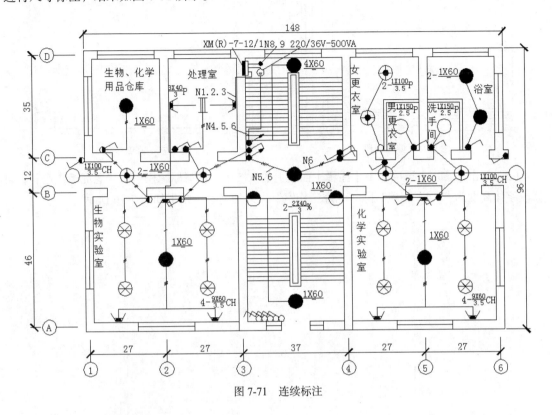

图 7-71　连续标注

7.2.7　绘制标题栏并填写

（1）在绘图区的适当位置绘制 210×149 的矩形，然后单击【常用】选项卡中【修改】面板上的 按钮，将其分解，如图 7-72 所示。

（2）将矩形各边 AB、BC、CD、AD 分别向里偏移 5、5、5、10，结果如图 7-73 所示。

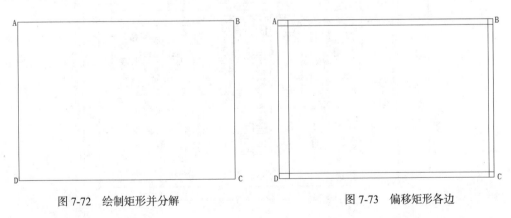

图 7-72　绘制矩形并分解　　　　　　图 7-73　偏移矩形各边

（3）绘制标题栏。将线段 BC 依次向左偏移 9、4、6、4、6、9、4，将线段 CD 依次向上偏移 8、3、3、3、3，结果如图 7-74 所示。

（4）修剪多余线条，结果如图 7-75 所示。

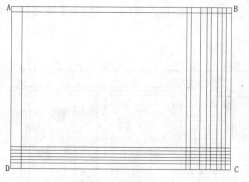

图 7-74　偏移线段　　　　　　　　　图 7-75　修剪线条

（5）单击【常用】选项卡中【注释】面板上的 **A** 按钮，填写标题栏中的"老虎工作室"，再修改字体高度为"1.4"，填写除"老虎工作室"以外的文字，结果如图 7-76 所示。

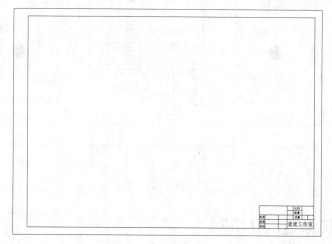

图 7-76　填写标题栏

（6）将绘制好的实验室照明电路移至标题栏中，结果如图 7-77 所示。

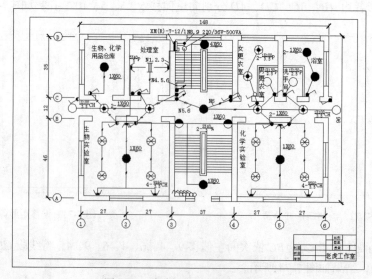

图 7-77　移动整个图形至标题栏中

7.3　实例 2——配电系统及闭路电视平面图设计

本节将通过绘制图 7-78 所示的配电系统（Power Distribution System，缩写为 PDS）及闭路电视平面图，讲述弱电线路布置的方法和线槽、主机、数据插座、线路及闭路电视线路等电气设备的绘制方法与步骤。

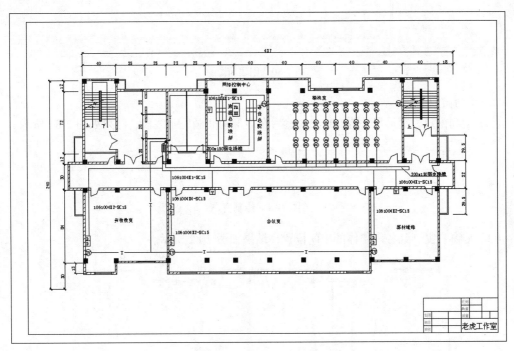

图 7-78　配电系统及闭路电视平面图

7.3.1　绘制建筑平面图

打开素材文件"dwg\第 7 章\7-4 墙体和柱子.dwg"，如图 7-79 所示，图为已包含墙体和柱子的部分建筑平面图，需要在此基础上完善整个图形。

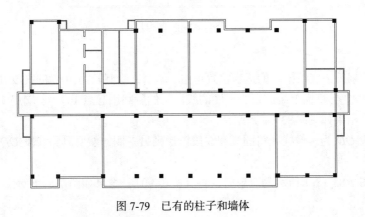

图 7-79　已有的柱子和墙体

在样板文件"建筑电气平面图用样板.dwt"已有图层的基础上创建新的图层，如图 7-80 所示。

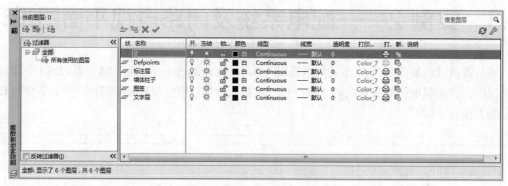

图 7-80　创建新图层

1. 绘制窗户

（1）绘制窗户。矩形尺寸为 20×2，然后在矩形中间画一条线段，结果如图 7-81 所示。

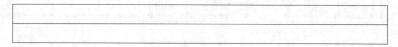

图 7-81　绘制窗户

（2）将窗户复制到各段墙体的中间位置，结果如图 7-82 所示。

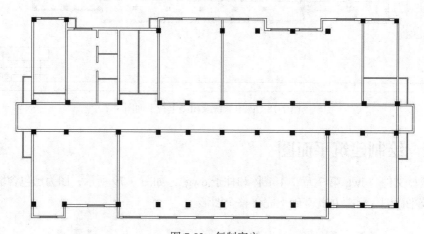

图 7-82　复制窗户

2. 绘制门

（1）绘制双扇门。在绘图区的适当位置单击一点 A，绘制长为 10.5 的线段 AB、长为 21 的线段 AC，捕捉 AC 中点 O 向上绘制适当长度的线段，然后利用起点（O）、端点（B）、半径（11）方式绘制圆弧，结果如图 7-83（a）所示。

（2）以线段 OD 为镜像线，将圆弧和线段镜像到另一侧，然后删除线段 OD，结果如图 7-83（b）所示。

（3）复制图 7-83（b）所示的双扇门，将其旋转 $90°$，结果如图 7-84 所示。

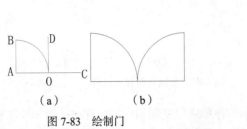

图 7-83　绘制门　　　　图 7-84　旋转门

（4）以门的 A 点为复制基点，将双扇门分别复制到指定位置：1 号柱子左下角顶点水平向右偏移 10，5 号柱子左下角顶点水平向右偏移 11.5，O 点右侧偏移 12。复制旋转后的双扇门到 1 号柱子左下角顶点垂直向上偏移 16.5，再水平向右偏移 2 的位置，结果如图 7-85 所示。

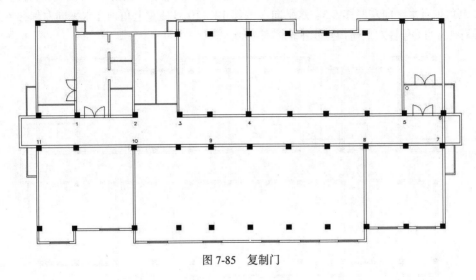

图 7-85　复制门

（5）绘制其他单扇门，步骤和绘制双扇门相似，宽度和高度都为 9，圆弧半径为 9，结果如图 7-86 所示。

图 7-86　绘制单扇门

　给门定位时，没有特殊说明便以柱子的左下角顶点为起始点开始测量距离，单侧门不论是未旋转的还是旋转的都是以 P 点为复制基准点进行复制。

（6）复制 3 个单扇门，并将其分别旋转 90°、180° 和 270°，结果分别如图 7-87（a）、（b）、（c）所示。

153

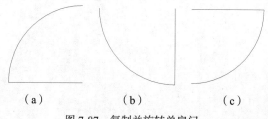

（a）　　　　　　（b）　　　　　　（c）

图 7-87　复制并旋转单扇门

（7）将图 7-86 和图 7-87 所示的各单扇门复制到指定位置，结果如图 7-88 所示。

各单扇门的位置确定如下：1 号柱子左下角顶点水平向左偏移 2，2 号门左下角顶点水平向左偏移 4.5，距离 *A* 点右侧 3，距离 *B* 点左侧 3，3 号柱左下角顶点水平向右偏移 10，4 号柱左下角顶点水平向右偏移 10.5，5 号门左下角定点水平偏移 5.5，6 号柱底边与墙体右侧交接处垂直向下偏移 3.5，7 号柱左上角顶点水平偏移 4，8 号柱左上角顶点水平向左偏移 4、水平向右偏移 9，9 号柱左上角顶点水平向左偏移 5.5、水平向右偏移 12，10 号柱左上角顶点水平向左偏移 6、水平向右偏移 12，11 号柱左上角顶点水平向右偏移 9.5。

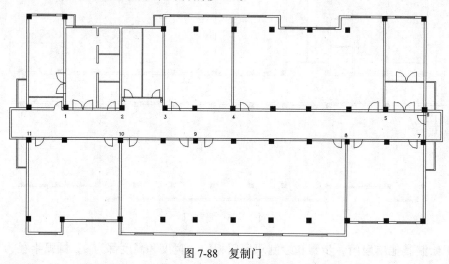

图 7-88　复制门

（8）将各门与对应墙体相交的线段修剪掉，结果如图 7-89 所示。

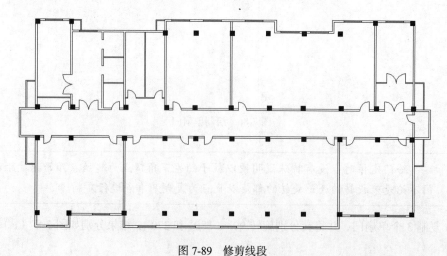

图 7-89　修剪线段

3. 填充墙体

利用填充图案"ANSI31"填充墙体，结果如图 7-90 所示。

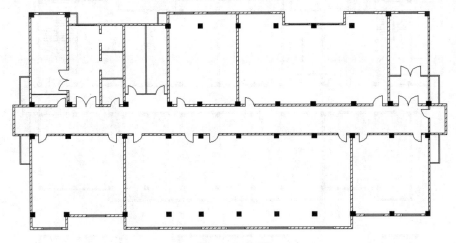

图 7-90　填充墙体

4. 绘制楼梯

参看 7.2 节相关内容绘制楼梯，将墙体 *H* 和 *K* 之间的中点并且距离上侧 *G* 墙体 11.5 处的点作为基准点，绘制矩形尺寸为 2 × 35，捕捉矩形上侧中点移至基准点，向内偏移 0.5，12 条线段之间的间距均为 2.8，结果如图 7-91 所示。

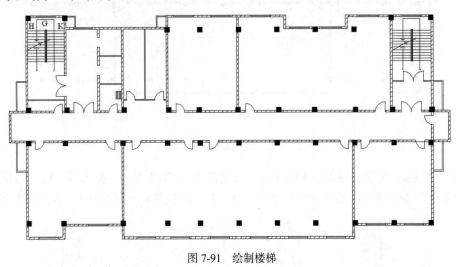

图 7-91　绘制楼梯

7.3.2　绘制 PDS 平面图

闭路电视平面图相对比较简单，仅仅表示了 PDS 系统线路的布置及线槽、主机、数据插座、语音插座和线路等进出线的布置情况，其定位要求不高。本节将在上述内容的基础上绘制 PDS 平面图，通过练习掌握其绘制方法。

1. 绘制主机和线槽

（1）绘制综合配线布置架。捕捉 2 号柱左下角顶点并垂直向上偏移 13.5 处的点为起点，水平向左绘制长为 6、垂直向上长为 8、水平向右长为 6 的折线，结果如图 7-92（a）所示。

（2）依次向右偏移线框左侧的纵向线段，偏移 5 次，偏移距离为 1，结果如图 7-92（b）所示。

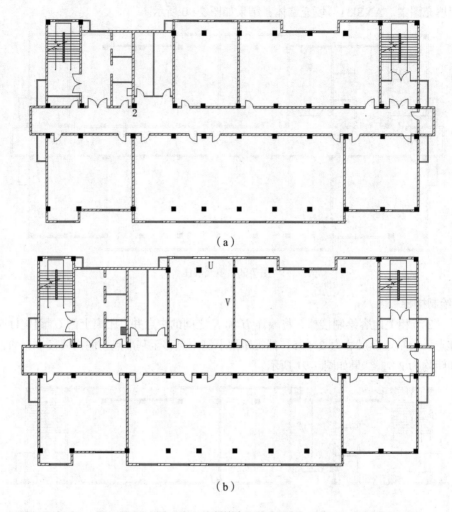

（a）

（b）

图 7-92　绘制综合配线布置架

（3）绘制主机。距离 U 墙体（见图 7-92）下侧 22.5，距离 V 墙体左侧 12.5，确定主机右上角顶点 O，绘制 12×24 的矩形，然后在距离 O 点（-20,-4.5）处绘制 8×15 的矩形，结果如图 7-93 所示。

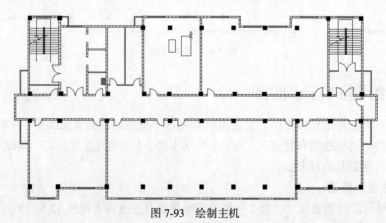

图 7-93　绘制主机

（4）绘制线槽。捕捉矩形 12×24 的中点 M、N 后绘制多线，设定多线比例为 4，结果如图 7-94 所示。

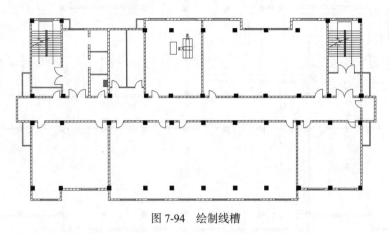

图 7-94　绘制线槽

（5）以矩形 8×15 的中心线为镜像线，镜像刚绘制的线槽，结果如图 7-95 所示。

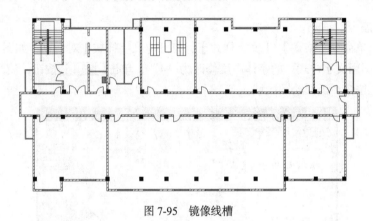

图 7-95　镜像线槽

（6）绘制多线。捕捉综合配线布置架最右侧线段的中点，以中点为起始点水平向右绘制长为 110 的多线，设定多线比例为 6，对正模式为"无"。捕捉右侧主机的底边中点，垂直向下绘制多线，使之交于 M 点；捕捉左侧主机底边中点，垂直向下绘制多线，使之交于 G 点，结果如图 7-96 所示。

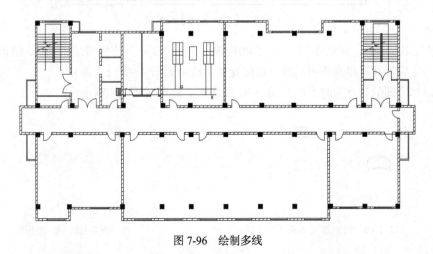

图 7-96　绘制多线

（7）分解多线，然后修剪多余线段，结果如图 7-97 所示。

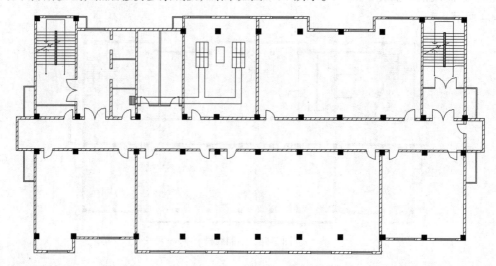

图 7-97　分解多线并修剪线段

2. 绘制插座

（1）选择菜单命令【格式】/【文字样式】，打开【文字样式】对话框，如图 7-98 所示。将"建筑电气平面图用文字样式"的字体高度修改为"4"，单击 应用(A) 按钮，使当前设置生效。再单击 关闭(C) 按钮，返回绘图区域。

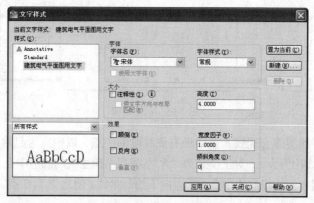

图 7-98　【文字样式】对话框

（2）绘制数据插座。圆的半径为 3，在圆内输入字母"D"，并将字母旋转 90°，结果如图 7-99（a）所示。然后将其复制到圆的上象限点位置处，结果如图 7-99（b）所示。

（3）以两个圆的切点为起点绘制 96×40 的矩形，结果如图 7-100 所示。

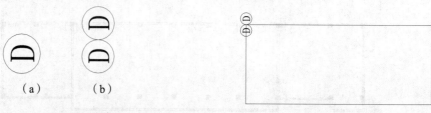

图 7-99　绘制数据插座　　　　　　　　　　　　图 7-100　绘制矩形

（4）将数据插座沿矩形顶边阵列 9 组，结果如图 7-101（a）所示。

（5）将矩形顶边上的 9 组对称数据插座分别复制到矩形底边和水平中线上，然后将矩形删除，结果如图 7-101（b）所示。

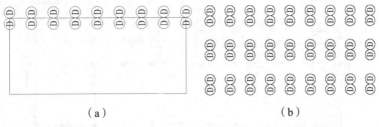

（a）　　　　　　　　　　　　　　　　　（b）

图 7-101　阵列并复制数据插座等

（6）绘制语音插座和地面数据插座。绘制 6×6 的正方形，并分别在两矩形中心点的位置填写文字"V"和"D"，结果如图 7-102 所示。

图 7-102　绘制语音插座和地面数据插座

（7）将语音插座和地面数据插座移动并复制到图中的示意位置，结果如图 7-103 所示。

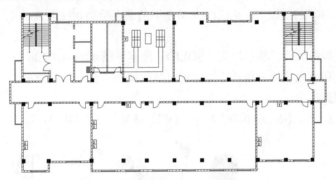

图 7-103　移动并复制语音插座和地面数据插座

3. 绘制 PDS 线路

（1）使用 MLINE 命令捕捉配电布置架下侧线段的中点，竖直向下绘制长为 20、水平向右长为 290 的多线，设定多线比例为 4，对正模式为"无"，并连接多线，结果如图 7-104 所示。

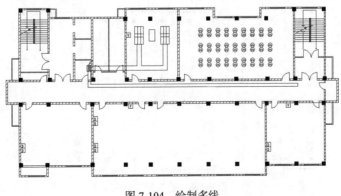

图 7-104　绘制多线

（2）执行直线命令，绘制其余连接线，结果如图 7-105 所示。

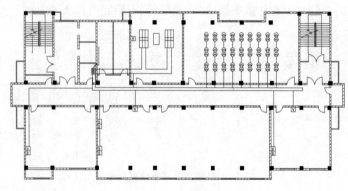

图 7-105　绘制其余连接线

7.3.3　绘制闭路电视平面图

继续前面的练习，绘制闭路电视平面图。在绘制中掌握闭路电视平面图的绘制方法及如何利用关键点编辑方式移动、复制图形。

1. 绘制上下敷管

（1）绘制半径为 1.5 的圆，继续绘制长为 6 角度为 30°的线段 A，从线段 A 的右上角端点绘制长为 2.5 角度为 240°的线段 B，从线段 B 的左下角端点绘制到线段 A 的垂线，结果如图 7-106（a）所示。

（2）将圆内线段修剪掉，然后填充"SOLID"图案，结果如图 7-106（b）所示。

（3）复制线段和填充后的三角到适当位置，结果如图 7-106（c）所示。

2. 绘制电视插座

绘制半径为 3.5 的圆并在圆内填写文字"TV"，结果如图 7-107 所示。

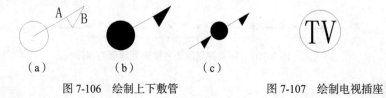

（a）　　　　　（b）　　　　　（c）

图 7-106　绘制上下敷管　　　　　　　　图 7-107　绘制电视插座

3. 放置电视插座

移动电视插座到图中的适当位置，并利用直线命令绘制各相应连接线，结果如图 7-108 所示。

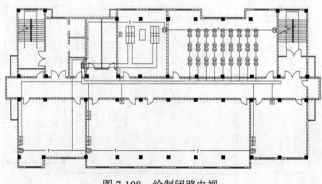

图 7-108　绘制闭路电视

7.3.4 标注文字

修改文字高度为"4",其他按默认值,在图中的适当位置填写文字,结果如图 7-109 所示。

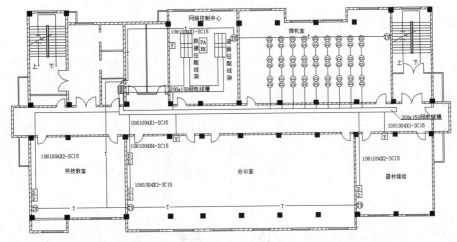

图 7-109 标注文字

7.3.5 标注尺寸

利用线性标注、连续标注及基线标注命令标注相关尺寸,结果如图 7-110 所示。

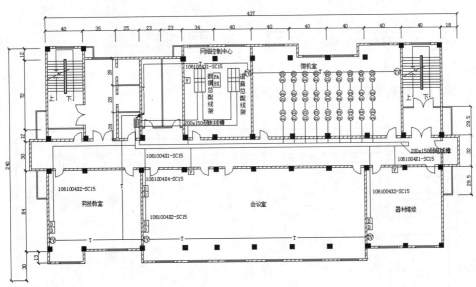

图 7-110 标注尺寸

7.3.6 填写图签

参看 7.2.7 小节相关内容绘制并填写图签,图签尺寸如图 7-111 所示,图签中"老虎工作室"的字体高度为"6",其余字体高度为"3",最后将绘制好的图形移至图框内,结果如图 7-78 所示。

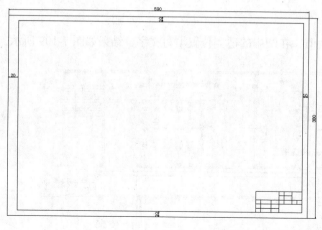

图 7-111　绘制图签

小　　结

　　本章以实验室照明平面图、办公楼配电平面图和 PDS 平面图为例详细讲解了绘制建筑电气平面图的思路和方法。通过这 2 个具有代表性的建筑电气平面图的绘制，读者应该熟悉如何使用 AutoCAD 2010 进行建筑电气平面图的设计。

习　　题

　　1. 绘制工厂照明平面图，如图 7-112 所示。

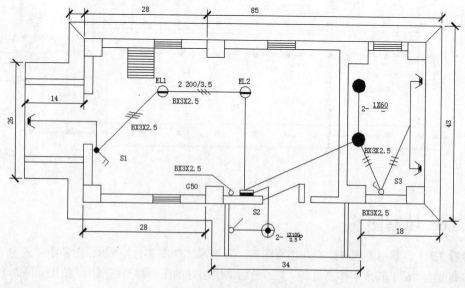

图 7-112　工厂照明平面图

操作提示:

（1）新建文件，并进入绘图环境。

（2）创建图层、文字样式、标注样式。

（3）绘制建筑图（包括柱子、墙体、窗等）。

（4）绘制各元件符号。

（5）安装各元件符号。

（6）绘制连接线。

（7）标注尺寸及编辑文字说明。

（8）退出绘图环境，并保存文件。

2. 绘制住宅建筑平面图，如图 7-113 所示。

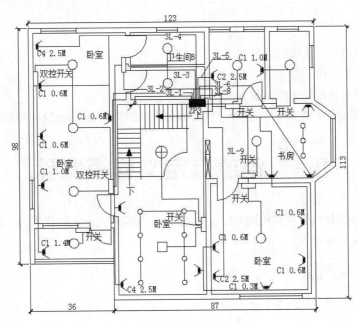

图 7-113　住宅建筑平面图

操作提示:

（1）新建文件，并进入绘图环境。

（2）创建图层、文字样式、标注样式。

（3）绘制建筑图（包括柱子、墙体、窗等）。

（4）绘制各元件符号。

（5）安装各元件符号。

（6）绘制连接线。

（7）标注尺寸及编辑文字说明。

（8）退出绘图环境，并保存文件。

第8章
建筑电气系统图绘制

【学习目标】

- 掌握可视对讲系统图的绘制方法。
- 掌握消防系统图的绘制方法。
- 掌握网络电话系统图的绘制方法。

本章将以智能楼宇中的常用电气系统为例，详细讲解如何利用 AutoCAD 绘制建筑电气系统图。

8.1 创建自定义样板文件

本节将着重讲解如何为具有相同图层、文字样式、标注样式和表格样式的"建筑电气系统图"创建通用的自定义样板文件。

8.1.1 设置图层

设置好的各图层属性如图 8-1 所示。

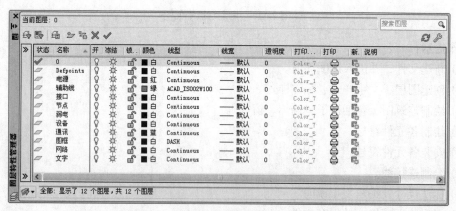

图 8-1 设置图层

8.1.2 设置文字样式

（1）选择菜单命令【格式】/【文字样式】，弹出【文字样式】对话框，如图 8-2 所示。

（2）新创建名为"建筑电气系统图用文字"的文字样式，设置【字体名】为"宋体"，设置【字体样式】为"常规"，其余采用默认设置，并将该文字样式置为当前应用状态。

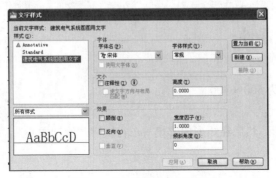

图 8-2 【文字样式】对话框

8.1.3 保存为自定义样本文件

（1）单击 按钮，选择【另存为】命令，弹出【图形另存为】对话框，如图 8-3 所示。选择【文件类型】为"AutoCAD 图形样板（*.dwt）"，输入【文件名】为"建筑电气系统图用样板"。

（2）单击 保存(S) 按钮，弹出【样板选项】对话框，如图 8-4 所示。选择【测量单位】为"公制"，在【新图层通知】分组框中选择【将所有图层另存为未协调】单选项。

图 8-3 【图形另存为】对话框

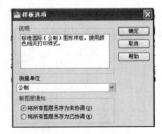

图 8-4 【样板选项】对话框

（3）单击 确定 按钮，关闭【样板选项】对话框，样板文件创建完毕。

8.2 实例 3——可视对讲系统图绘制

本节将详细讲解可视对讲系统图的绘制方法。

8.2.1 建立新文件

（1）启动 AutoCAD 2010 应用程序。

（2）在命令行键入命令"NEW"或单击快速访问工具栏上的 按钮，在弹出的【选择样板】对话框中选择样板文件为"建筑电气系统图用样板.dwt"。

（3）单击 按钮，选择【另存为】命令，在弹出的【图形另存为】对话框中设置【文件类型】为 "AutoCAD 2010 图形（*.dwg）"，输入【文件名】为 "可视对讲系统图.dwg"，并设置保存路径。

8.2.2　绘制元器件

1. 设定绘图区域
设定绘图区域大小为 500×400。

2. 绘制管理中心
绘制 35×15 的矩形，然后在矩形内部填写单行文字 "管理中心"，文字高度为 3，结果如图 8-5 所示。

3. 绘制主控制器
绘制 14×9 的矩形，然后连线，结果如图 8-6 所示。

图 8-5　绘制管理中心　　　　　图 8-6　绘制主控制器

4. 绘制 8 口交换机
（1）在绘图区的适当位置绘制 3.8×2.4 的矩形，并将其分解。然后水平向左偏移矩形右侧边，偏移距离分别为 0.25、0.25、0.9、1.0、0.9、0.25；垂直向下偏移矩形顶边，偏移距离分别为 0.25、0.95、0.8，结果如图 8-7（a）所示。

（2）修剪多余线段，结果如图 8-7（b）所示，即为单个网络接口。

（3）水平向右阵列网络接口为 1 行 8 列，阵列总间距为 32。

（4）绘制 40×5 的矩形，然后将阵列的图形移动到矩形内部，结果如图 8-7（c）所示。

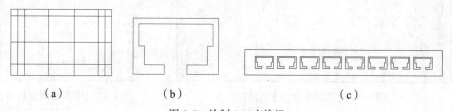

（a）　　　　　　　（b）　　　　　　　　　　（c）

图 8-7　绘制 8 口交换机

5. 绘制单元门口机和围墙机
（1）在绘图区的适当位置绘制 8×4 的矩形，然后过矩形上下边的适当点绘制一尺寸适当的斜线。

（2）分解矩形，并向下偏移矩形顶边，偏移距离均为 1.3，结果如图 8-8（a）所示。

（3）修剪多余线条，结果如图 8-8（b）所示。

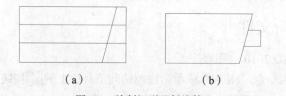

（a）　　　　　　　　　（b）

图 8-8　绘制矩形及斜线等

（4）捕捉梯形底边左端点并水平向右偏移 1.7，再垂直向下偏移 1.5 确定起点，绘制 4×1.3 的小矩形。

（5）捕捉梯形顶边左端点并水平向左偏移 1.3，再垂直向上偏移 1.3 确定起点，绘制 10×13 的矩形。

（6）连线，结果如图 8-9（a）所示。

（7）启动多段线命令，以大矩形底边中点为起点垂直向上绘制两段多段线，第一段长度为 0.6，宽度均为 0；第二段长度为 2，起点宽度为 1.3，端点宽度为 0。

（8）镜像箭头，并保留源对象，结果如图 8-9（b）所示。

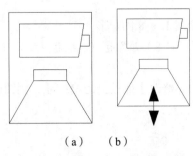

（a）　　　（b）

图 8-9　绘制单元门口机与围墙机

6. 绘制电源

（1）在绘图区的适当位置绘制 9×10 的矩形。

（2）以偏移矩形左下角顶点（1.2,2.5）处为圆心，绘制 3 个直径分别为 1.2、0.8、0.4 的同心圆。

（3）以距矩形左上角顶点（3,−1.8）处为起点，绘制 5×3.5 的小矩形，然后以小矩形中心点为起点，水平向右绘制长度为 4.5 的线段。

（4）设置文字高度为 3，在图形右侧的适当位置标注单行文字"UPS"。

（5）捕捉小矩形的右侧边中点并垂直向下偏移 0.4 确定起点，水平向左绘制长为 1 的线段，结果如图 8-10（a）所示。

（6）向下阵列此线段，5 行 1 列，阵列总间距为 1，结果如图 8-10（b）所示。

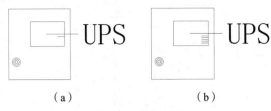

（a）　　　　　　　　（b）

图 8-10　绘制电源

7. 绘制户户隔离器

（1）在绘图区的适当位置绘制 33×25 的矩形。

（2）以距矩形左下角顶点（1.5,1.5）处为起点，绘制 30×7 的小矩形。

（3）设置文字高度为 3，在大矩形内标注单行文字"户户隔离器"和"电源"，结果如图 8-11 所示。

8. 绘制视频放大器

（1）在【草图设置】对话框中设置【极轴追踪】选项卡的【增量角】为"15"。

（2）启动正多边形命令，在绘图区的适当位置绘制边长为 3.5 的正三角形，结果如图 8-12 所示。

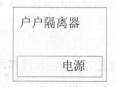 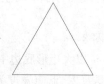

图 8-11　绘制户户隔离器　　　　　图 8-12　绘制视频放大器

9.　绘制户内可视分机。

（1）在绘图区的适当位置绘制 12×8 的矩形。

（2）以距矩形左上角顶点（7，−1.8）处为起点，绘制 4×3.5 的小矩形，然后将其向内部偏移 0.5，结果如图 8-13（a）所示。

（3）单击【常用】选项卡中【修改】面板上的 按钮，倒圆角，设置圆角半径为 0.5，结果如图 8-13（b）所示。

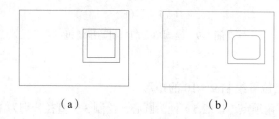

（a）　　　　　　　　　　（b）

图 8-13　绘制视频显示屏

（4）以偏移小矩形左侧边中点（−4，−0.3）处为圆心，绘制直径为 4 的圆，并绘制一条水平直径，然后将此直径向下偏移 1.5、向上偏移 0.5。

（5）捕捉向上偏移的线段的中点并水平向左偏移 1.5 确定起点，绘制连接线，然后将其镜像，结果如图 8-14（a）所示。

（6）修剪多余线条，结果如图 8-14（b）所示。

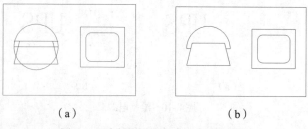

（a）　　　　　　　　　　（b）

图 8-14　绘制电话并完成户内可视分机

10.　绘制紧急报警按钮

（1）在绘图区的适当位置绘制 8×8 的正方形。

（2）捕捉正方形的中点为圆心，绘制直径为 5 的圆，结果如图 8-15 所示。

11.　绘制天然气泄漏探测器

（1）在绘图区的适当位置绘制 8×8 的正方形。

（2）以距正方形右下角顶点（−2.8,2.8）处为圆心，绘制直径为 2.6 的圆，并利用填充图案"SOLID"填充该圆。

（3）以填充圆的圆心为起点，分别绘制长为 3.5 且与水平线夹角为 105°、长为 5 且与水平线夹角为 135° 及长为 3.5 且与水平线夹角为 165° 的线段，结果如图 8-16 所示。

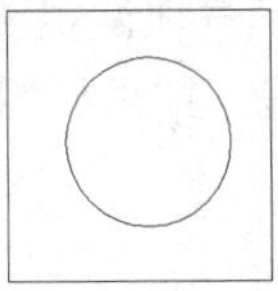

图 8-15　绘制紧急报警按钮

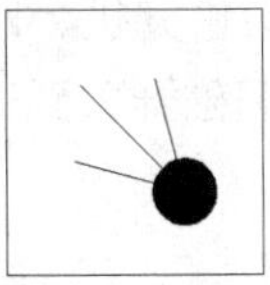

图 8-16　绘制天然气泄漏探测器

12. 绘制红外微波双鉴报警探测器

（1）在绘图区的适当位置绘制 6×8 的矩形。

（2）分别以矩形上下两边的中点为圆心、上下两边长为直径，绘制两个圆。

（3）捕捉下圆的上象限点为起点，分别绘制长为 5 的竖直线段及长为 5 且与水平夹角为 240° 的斜线。

（4）修剪多余线条，结果如图 8-17（a）所示。

（5）镜像线段，结果如图 8-17（b）所示。

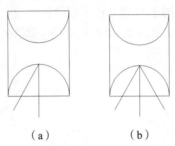

（a）　　　　　（b）

图 8-17　绘制红外微波双鉴报警探测器

13. 绘制门磁开关

（1）在绘图区的适当位置绘制 5×8 的矩形。

（2）绘制线段 AB、CD、DE，其中线段 AB 长为 2，距矩形底边中点（0,1）；线段 CD 长为 2，C 点距 B 点（0, 3.7）；线段 DE 长为 2 且与水平夹角为 300°，结果如图 8-18 所示。

14. 绘制电锁

（1）在绘图区的适当位置绘制 7×6 的矩形，然后依次连接其各边中点，形成菱形，并删除矩形。

（2）设置文字高度为 2.5，在菱形中心位置填写多行文字"EL"，结果如图 8-19 所示。

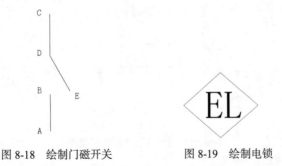

图 8-18　绘制门磁开关　　　　　图 8-19　绘制电锁

8.2.3 绘制整体系统图

1. 组合户户隔离器、可视对讲分机、紧急报警按钮、天然气泄漏报警探测器、红外微波双鉴报警探测器和门磁开关

（1）复制 1 个可视对讲分机、1 个紧急报警按钮、1 个天然气泄漏报警探测器、1 个红外微波双鉴报警探测器和 1 个门磁开关到适当位置，然后绘制连接线，结果如图 8-20 所示。

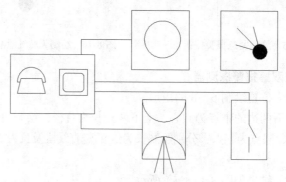

图 8-20　复制图形并连线

（2）垂直向下复制图 8-20 到图 8-21 所示的示意位置。

（3）以距离可视对讲分机矩形左侧边为 30 的竖直线为镜像线，镜像图形，结果如图 8-21 所示。

图 8-21　组合图形并复制、镜像

（4）复制一个户户隔离器到图 8-21 所示的中间位置，再绘制连接线，结果如图 8-22 所示。

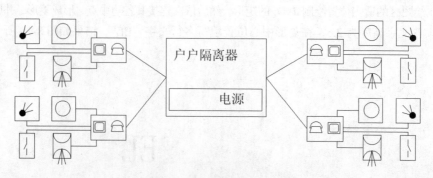

图 8-22　与户户隔离器组合成图

（5）取适当阵列总间距，阵列图 8-22 为 2 行 2 列，并绘制连接线，再匹配线型，结果如图 8-23 所示。

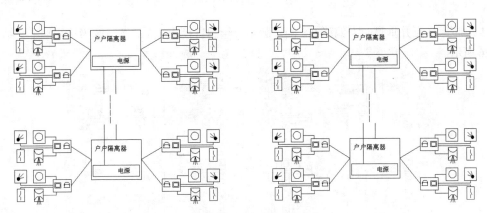

图 8-23　阵列并绘制连接线

2. 组合视频放大器、主机控制器、电源和单元门口机

（1）复制 1 个视频放大器、主机控制器和单元门口机到适当位置，并绘制连接线，结果如图 8-24 所示。

图 8-24　复制对象并绘制连接线

（2）复制图 8-24 到图 8-23 的适当位置，结果如图 8-25 所示。

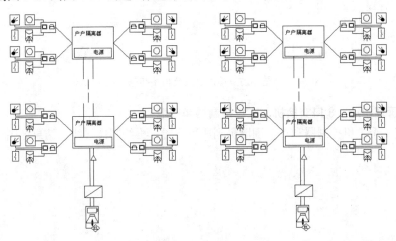

图 8-25　复制对象

（3）绘制线段 *AB*，其长为 23.4，然后捕捉电源大矩形右侧边中点为基点，将其复制到 B 点。

（4）捕捉电源大矩形的左下角顶点并水平向右偏移 1.3 确定起点，绘制长为 10 的电源引线 *CD*。

（5）捕捉 *D* 点并垂直向下偏移 0.8 确定圆心，绘制直径为 1.6 的圆，圆为接线端子，结果如图 8-26 所示。

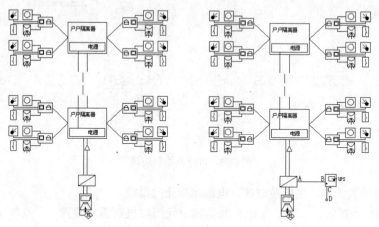

图 8-26　绘制线段、圆并复制电源到适当位置

（6）镜像图 8-26 新增的电源及相关部分，结果如图 8-27 所示。

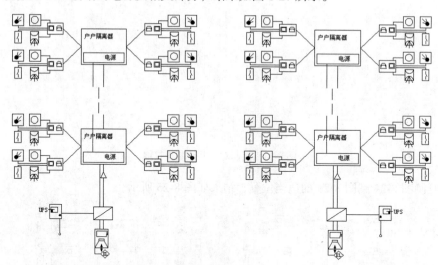

图 8-27　镜像电源及相关部分

3. 组合管理中心、8 口交换机、主机控制器和围墙机

（1）复制 1 个主机控制器和 1 个围墙机到适当位置，再绘制连接线，结果如图 8-28 所示。

图 8-28　组合管理中心和交换机

（2）复制管理中心、交换机及图 8-28 到图 8-27 的适当位置，并绘制连接线，结果如图 8-29 所示。

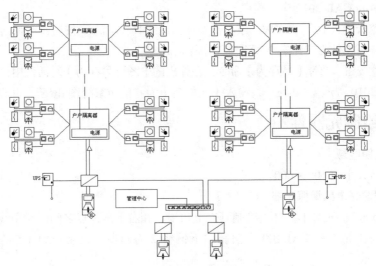

图 8-29 组合管理中心和交换机

4. 添加文字、匹配图层

（1）匹配图形到相应图层，并添加辅助线，参看素材文件。

（2）设置文字高度为 3，然后填写单行和多行文字，结果如图 8-30 所示。

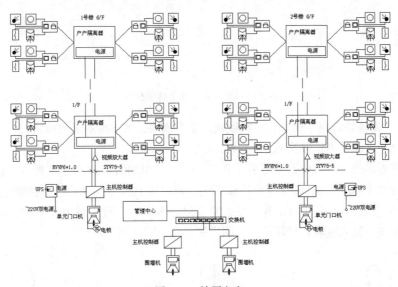

图 8-30 填写文字

8.3 实例 4——消防系统图绘制

本节将详细讲解消防系统图的绘制方法。

8.3.1 建立新文件

（1）启动 AutoCAD 2010 应用程序。

（2）在命令行键入命令 "NEW" 或单击快速访问工具栏上的▢按钮，在弹出的【选择样板】对话框中选择样板文件为 "建筑电气系统图用样板.dwt"。

（3）单击▨按钮，选择【另存为】命令，在弹出的【图形另存为】对话框中设置【文件类型】为 "AutoCAD 2010 图形（*.dwg）"，输入【文件名】为 "消防系统图.dwg"，并设置保存路径。

8.3.2 绘制元器件

1. 设定绘图区域

设绘图区域大小为 600×600。

2. 绘制智能光电感烟探测器

（1）绘制 5×5 的正方形，然后绘制其左上角顶点和右下角顶点之间的对角线。

（2）捕捉左上顶点并沿对角线方向斜向下偏移 2 为起点，绘制长为 1.5 的垂线，结果如图 8-31（a）所示。

（3）将垂线旋转并复制 180°，然后以对角线的中点镜像对象并删除源对象，结果如图 8-31（b）所示。

（4）修剪多余线条，结果如图 8-31（c）所示。

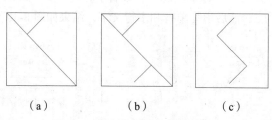

（a）　　　　　　　（b）　　　　　　　（c）

图 8-31　绘制智能光电感烟探测器

3. 绘制广播模块、电话模块、控制模块、输入模块、气体终端灭火模块

（1）在绘图区的适当位置绘制 5×5 的正方形。

（2）在正方形的正中心位置编辑多行文字 "G"，结果如图 8-32 所示，即为广播模块。

（3）设置文字高度为 3，复制 5 个广播模块，并将其中的文字 "G" 分别修改为 "H"、"C"、"M"、"T" 和 "ZG"，结果分别如图 8-33、图 8-34、图 8-35、图 8-36 和图 8-37 所示，即为电话模块、控制模块、输入模块、气体灭火终端模块及总线隔离器模块。

图 8-32　绘制广播模块　　　图 8-33　绘制电话模块　　　图 8-34　绘制控制模块

图 8-35　绘制输入模块 　　　图 8-36　绘制气体灭火终端模块 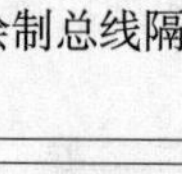　　　图 8-37　绘制总线隔离器模块

4. 绘制气体喷洒指示灯、电磁阀和压力开关

继续复制 3 个广播模块，并将其中的文字 "G" 分别修改为 "PS"、"DC" 和 "YK"，结果分别如图 8-38、图 8-39 和图 8-40 所示，即分别为气体喷洒指示灯、电磁阀开关和压力开关。

PS	DC	YK
图 8-38　绘制气体喷洒指示灯	图 8-39　绘制电磁阀开关	图 8-40　绘制压力开关

5. 绘制转换模块、双动作切换模块、转换接口模块

继续复制 3 个广播模块，并将其中的文字 "G" 分别修改为 "J1"、"J2" 和 "J3"，结果分别如图 8-41、图 8-42 和图 8-43 所示，即分别为转换模块、双动作切换模块和转换接口模块。

J1	J2	J3
图 8-41　绘制转换模块	图 8-42　绘制双动作切换模块	图 8-43　绘制转换接口模块

6. 绘制电动卷帘门控制箱

（1）在绘图区的适当位置绘制 6.5×5 的矩形。

（2）在矩形的中心位置填写多行文字 "JLM"，结果如图 8-44 所示，即为卷帘门控制箱。

7. 绘制配电照明箱、排烟防火阀、防火调节阀及湿式自动报警阀

（1）在绘图区的适当位置绘制 6.5×3 的矩形，然后连接两对角线，结果如图 8-45 所示，即为配电照明箱。

（2）复制图 8-45，以距矩形中心点（−1,0.8）处为起点，绘制 2×0.6 的矩形，并利用填充图案 "SOLID" 填充该矩形，结果如图 8-46 所示，即为排烟防火阀。

图 8-44　绘制电动卷帘门控制箱	图 8-45　绘制配电照明箱	图 8-46　绘制排烟防火阀

（3）复制图 8-46，并利用填充图案 "SOLID" 填充左右两三角形区域，结果如图 8-47 所示，即为防火调节阀。

（4）复制图 8-45，捕捉对角线交点并垂直向上绘制长为 2.5 的线段，然后以该线段的上端点为圆心绘制直径为 1.5 的圆，并用填充图案 "SOLID" 填充图形。

（5）分解矩形，并删除矩形上下两边，结果如图 8-48 所示，即为湿式自动报警阀。

图 8-47　绘制防火调节阀	图 8-48　绘制湿式自动报警阀

8. 绘制火灾报警显示盘和电梯控制箱

（1）在绘图区的适当位置绘制 6.5×3 的矩形。

（2）捕捉矩形左上角顶点并垂直向下偏移 0.7，绘制线段到矩形右侧边，结果如图 8-49 所示，即为火灾报警显示盘。

（3）复制 6.5×3 的矩形，然后连线其左右两侧的中点，并利用填充图案"ANSI31"填充矩形下侧的封闭区域，结果如图 8-50 所示，即为电梯控制箱。

图 8-49　绘制火灾报警显示盘　　　　图 8-50　绘制电梯控制箱

9. 绘制紧急启停按钮和水流指示器

（1）在绘图区的适当位置绘制 5×5 的正方形，然后连线左下角顶点与右上角顶点的对角线，并在对角线上下两侧的适当位置填写多行文字"Q"和"T"，文字高度为 3，结果如图 8-51 所示，即为紧急启停按钮。

（2）在绘图区的适当位置绘制 5×5 的正方形，然后捕捉其左侧边中点并水平向右偏移 0.5 确定起点，绘制长为 2.7 的线段。

（3）启动多段线命令，捕捉线段的右端点水平向右绘制多段线，其起点宽度为 0.5，端点宽度为 0，长度为 1.3，结果如图 8-52 所示，即为水流指示器。

图 8-51　绘制紧急启停按钮　　　　图 8-52　绘制水流指示器

10. 绘制排烟兼排气风机控制箱和加压送风机控制箱

（1）在绘图区的适当位置绘制直径为 5 的圆，然后在圆内绘制一个内接于圆的正三角形，结果如图 8-53 所示，即为排烟兼排气风机控制箱。

（2）复制图 8-53，然后连线三角形上顶点至下底边中点，并利用填充图案"SOLID"填充三角形的右侧封闭区域，结果如图 8-54 所示，即为加压送风机控制箱。

图 8-53　绘制排烟兼排气风机控制箱　　　　图 8-54　绘制加压送风机控制箱

11. 绘制编码手动报警按钮

（1）在绘图区的适当位置绘制 5×5 的正方形。

（2）以距正方形左上角顶点（1.7,-1）处为圆心，绘制直径为 3 的圆，并绘制圆的水平直径，结果如图 8-55（a）所示。

（3）修剪并删除多余线条，结果如图 8-55（b）所示。

（4）捕捉圆的下象限点并垂直向下绘制长为 1.8 的线段，然后捕捉其中点并水平向右偏移 2 确定圆心，绘制直径分别为 1 和 2 的同心圆，结果如图 8-55（c）所示，即为编码手动报警按钮。

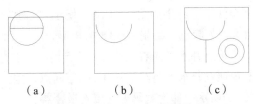

（a）　　　　　　（b）　　　　　　（c）

图 8-55　绘制编码手动报警按钮

12.　绘制编码消火栓报警按钮

（1）在绘图区的适当位置绘制 5×5 的正方形，然后以其中心点为圆心绘制直径分别为 3 和 4 的同心圆。

（2）绘制小圆的 45° 直径和 135° 直径，结果如图 8-56 所示，即为编码消火栓报警按钮。

13.　绘制吸顶式紧急广播音箱

（1）在绘图区的适当位置绘制直径为 5 的圆。

（2）以距圆心（−1.3,0.7）处为起点绘制 1.2×1.5 的矩形。

（3）捕捉圆心并水平向右偏移 1.2 确定起点，分别垂直向上、垂直向下绘制长度均为 1 的线段。

（4）捕捉矩形右上角端点向下偏移 0.3 为起点，绘制与右侧线段端点的连接线段，然后以过矩形右侧边的水平线为镜像线，镜像此斜线，结果如图 8-57 所示，即为吸顶式紧急广播音箱。

图 8-56　绘制编码消火栓报警按钮　　　　图 8-57　绘制吸顶式紧急广播音箱

14.　绘制报警电话

（1）在绘图区的适当位置绘制 5×5 的正方形，然后以其中心点为圆心，绘制直径为 4 的圆，并绘制圆的水平直径。修剪掉下半圆，结果如图 8-58（a）所示。

（2）分别向上、向下偏移水平直径 0.5、2。

（3）捕捉 A 点向右偏移 0.8 为起点，捕捉 B 点水平向右偏移 0.2 为终点，绘制两点间的连接线，再以水平直径的中线为镜像线，镜像该连接线，结果如图 8-58（b）所示。

（4）修剪多余线段，结果如图 8-58（c）所示，即为报警电话。

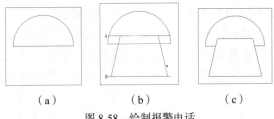

（a）　　　　　　（b）　　　　　　（c）

图 8-58　绘制报警电话

15.　绘制编码火灾声光报警器

（1）在绘图区的适当位置绘制封闭线框，其中线段 CD 长为 1.5、DE 长为 3.5、EF 长为 2.5，并封闭图形，然后以纵向线为镜像线镜像图形，结果如图 8-59（a）所示。

（2）以距 A 点（−0.9,1）处为圆心绘制直径为 1.4 的圆，然后以距圆心（−0.4,2）处为起点绘制 0.8×1.5 的矩形。修剪多余线条,结果如图 8-59(b)所示。

(3)以距 A 点(0.5,0.4)处为起点,绘制 1×0.8 的矩形。

(4)捕捉此矩形的左上角顶点并水平向右偏移 0.2 确定起点,垂直向上绘制长为 2 的线段。

(5)捕捉此矩形的右上角顶点并水平向左偏移 0.2 确定起点,垂直向上绘制长为 1.5 的线段,然后连线,结果如图 8-59(c)所示,即为编码火灾声光报警器。

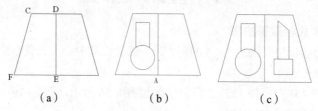

图 8-59 绘制编码火灾声光报警器

16. 绘制喷淋泵控制箱

(1)在绘图区的适当位置绘制直径 5 的圆,然后绘制其水平和竖直半径,并修剪掉下半圆的弧线。

(2)捕捉圆心并沿水平直径向左偏移 1.3 处为起点,绘制与圆上象限点之间的连接线,结果如图 8-60(a)所示。

(3)以竖直半径为镜像线,镜像连接线,并保留原对象。

(4)捕捉圆上象限点为起点,绘制长为 1.2 且与水平夹角为 23°、长为 0.7 且与水平线夹角为 193°的折线,结果如图 8-60(b)所示,即为喷淋泵控制箱。

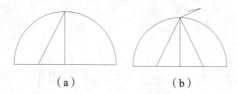

图 8-60 绘制喷淋泵控制箱

17. 绘制消防泵控制箱

(1)在绘图区的适当位置绘制直径为 5 的圆,然后绘制其水平直径,并修剪掉下半圆的圆弧。

(2)捕捉圆心并垂直向上偏移 1.5 确定另一圆心,并绘制直径为 1.2 的圆。

(3)捕捉小圆的上象限点为起点,分别水平向右绘制长为 1、斜向上与水平夹角 23° 且长为 1.7 的斜线,继续绘制长为 0.7 且与水平线夹角为 193°的线段。

(4)捕捉小圆的圆心为起点,水平向左绘制水平线段至大圆的圆弧,再以该圆心为起点,绘制与水平线夹角为 60°的斜线至大圆的水平直径,结果如图 8-61(a)所示。

(5)以大圆的纵向半径为镜像线,镜像此斜线,然后修剪多余线条,结果如图 8-61(b)所示,即为消防泵控制箱。

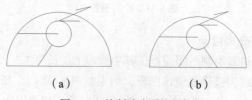

图 8-61 绘制消防泵控制箱

18. 绘制气体灭火控制盘

（1）在绘图区的适当位置绘制 26×5 的矩形。

（2）在矩形中心位置填写多行文字"气体灭火控制"，结果如图 8-62 所示，即为气体灭火控制盘。

19. 绘制电源盘、火灾报警控制器、CRT 系统、多线控制盘、电源系统及广播系统

气体灭火控制

图 8-62 绘制气体灭火控制盘

（1）在图区的适当位置绘制 112×20 的矩形，然后将其分解，并向右偏移矩形左侧边，偏移距离分别为 15、22、20、20、18。

（2）以距 A 点（4.4,−1.3）处为起点，绘制 11×9 的矩形，然后将其向内偏移 1，结果如图 8-63（a）所示。

（3）单击【常用】选项卡中【修改】面板上的 按钮，设置圆角半径为 0.8，将小矩形倒圆角。

（4）设置文字高度为 3，在图框的适当位置填写多行文字"电源盘"、"火灾报警控制器"、"CRT 系统"、"多线控制盘"、"电话系统"及"广播系统"，结果如图 8-63（c）所示。

（a） （b）

图 8-63 绘制电源盘、火灾报警控制器、CRT 系统、多线控制盘、电源系统及广播系统

8.3.3 绘制整体系统图

1. 绘制系统主接线

（1）在绘图区的适当位置绘制长为 265 的竖直线段，然后将其阵列 1 行 11 列，阵列总间距为 50。

（2）选择菜单命令【格式】/【多线样式】，弹出【多线样式】对话框，单击 新建(N)... 按钮，创建名为"消防图用多线样式"的多线样式后，打开【新建多线样式】对话框，其具体参数设置如图 8-64 所示。

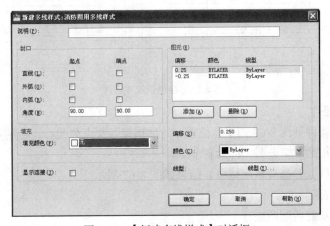

图 8-64 【新建多线样式】对话框

（3）启动绘制多线命令，设置比例因子为 20，捕捉最左侧线段的左端点为起点水平向右绘制长为 310 的多线，再将其阵列 6 行 1 列，阵列总间距为 250，结果如图 8-65（a）所示。

（4）分解多线，然后分别向下偏移水平线段 *A*、*B*，偏移距离均为 7.5；分别向下移动水平线段 *C*、*D*、*E*，移动距离均为 17.5，结果如图 8-65（b）所示。

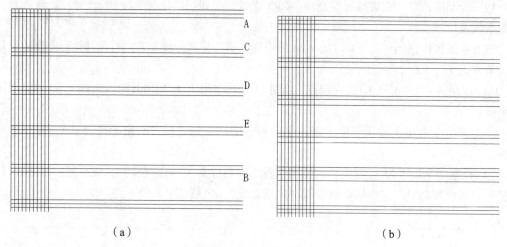

（a）　　　　　　　　　　　　　　　（b）

图 8-65　绘制多线并偏移

（5）修剪多余线段，结果如图 8-66（a）所示。

（6）设置"辅助线层"为当前层，以距 F 点（-20,5）处为起点，水平向右绘制长为 330 的线段。

（7）以距 F 点（-2.5,2.5）处为起点，绘制 75×45 的矩形。

（8）阵列虚线和虚线矩形框为 5 行 1 列，阵列总间距为 200，结果如图 8-66（b）所示。

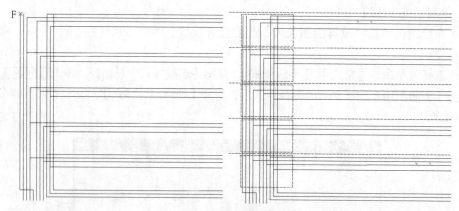

图 8-66　绘制系统主接线

2. 复制各元器件

（1）复制各元器件到图 8-67 的示意位置，然后捕捉各交点为圆心，绘制直径为 0.8 的圆，并利用填充图案"SOLID"填充圆，即为各节点。

（2）绘制连接线，并修剪多余线段，结果如图 8-67 所示。

3. 匹配图层并编辑文字

（1）按各线的功能匹配图层。

（2）设置文字高度为 3，在图形的适当位置填写单行文字，结果如图 8-68 所示。

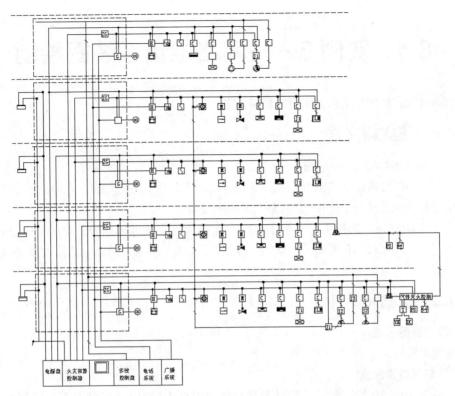

图 8-67 复制各元器件等

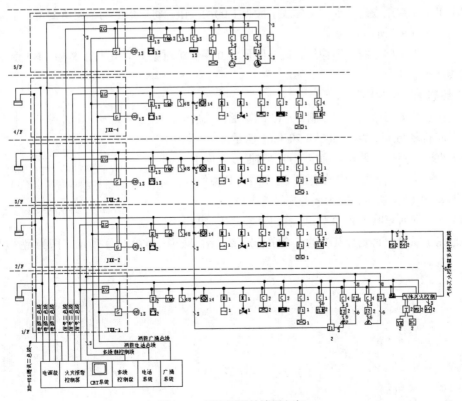

图 8-68 匹配图层并填写文字

8.4 实例 5——网络电话系统图绘制

本节将详细讲解网络电话系统图的绘制方法。

8.4.1 建立新文件

（1）启动 AutoCAD 2010 应用程序。

（2）在命令行键入命令"NEW"或单击快速访问工具栏上的 按钮，在弹出的【选择样板】对话框中选择样板文件为"建筑电气系统图用样板.dwt"。

（3）单击 按钮，选择【另存为】命令，在弹出的【图形另存为】对话框中设置【文件类型】为"AutoCAD 2010 图形（*.dwg）"，输入【文件名】为"网络电话系统图.dwg"，并设置保存路径。

8.4.2 绘制元器件

1. 设定绘图区域

设置绘图区域大小为 2000 × 1200。

2. 绘制网路接线盒

（1）绘制 10 × 10 的矩形，然后以距其左侧边中点（1.5,1.5）处为起点，绘制 3 × 3 的正方形。

（2）单击【常用】选项卡中【修改】面板上的 按钮，将矩形的两个底角倒角，距离为 0.6，结果如图 8-69（a）所示。

（3）以矩形纵向中线为镜像线，镜像图形，并保留源对象，结果如图 8-69（b）所示，即为网络接线盒。

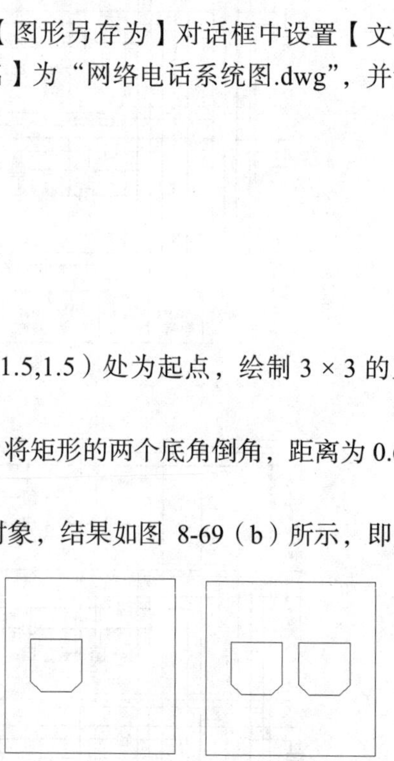

3. 绘制配线架 MDF

（1）在绘图区的适当位置绘制 6 × 14 的矩形，然后将其水平向右复制 11，结果如图 8-70（a）所示。

（2）捕捉 *A* 点向下偏移 4 确定起点，捕捉 *B* 点向上偏移 4 确定终点，绘制两点间的连接线，然后将其镜像，结果如图 8-70（b）所示，即为一种配线架图形。

（3）水平向右复制图 8-70（b），并将其左侧矩形与右侧矩形完全重合，再删掉其中的一个重合矩形，结果如图 8-70（c）所示，即为另一种配线架图形。

图 8-69 绘制网络接线盒

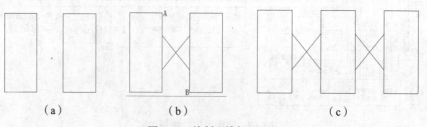

图 8-70 绘制配线架 MDF

4. 绘制数字程控交换机系统 PABX

（1）在绘图区的适当位置绘制 17×20 的矩形，然后倒角，倒角距离水平 3、垂直 1.5，再绘制倒角连接线及新形成的矩形的中点连接线，结果如图 8-71（a）所示。

（2）分解多边形，并垂直向上偏移矩形底边，偏移距离分别为 3、1、1，结果如图 8-71（b）所示，即为数字程控交换机系统 PABX。

5. 绘制计算机

（1）在绘图区的适当位置绘制 10×9 的矩形，然后将其向内偏移 2。

（2）捕捉大矩形的底边中点并垂直向下偏移 1 确定起点，水平向右绘制长为 5 的线段。

（3）捕捉线段的左端点并垂直向下偏移 2 确定起点，水平向右绘制长为 6 的线段并连线，结果如图 8-72（a）所示。

（4）以矩形纵向中线为镜像线，镜像线段，结果如图 8-72（b）所示，即为计算机。

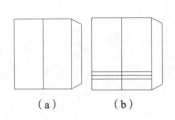
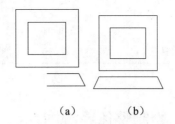

（a）　　　　　（b）　　　　　　　　　　　（a）　　　　　（b）

图 8-71　绘制数字程控交换机系统 PABX　　　　　图 8-72　　绘制计算机

6. 绘制电话机

（1）单击【视图】选项卡中【选项板】面板上的 ▦ 按钮，打开【设计中心】对话框，如图 8-73 所示。

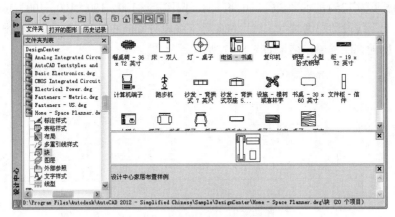

图 8-73　【设计中心】对话框

利用 AutoCAD 的"设计中心"可直接插入相应的元器件块，再根据当前绘图需要进行适当的比例缩放，无需另行绘制。

（2）进入【文件夹】选项卡，选择文件路径"Program Files\AutoCAD 2010\Sample\DesignCent er\Home–Space Planner.dwg"，双击"块"图标，展开所有相应的块文件。

（3）双击其中的"电话-书桌"图标，打开【插入】对话框，设置【插入点】为【在屏幕上指定】，在【比例】分组框中选择【统一比例】复选项，然后在【X】文本框中输入"0.04"，如图 8-74 所示。

（4）在绘图区的适当位置选取一点作为块的插入点，插入"电话-书桌"块，并关闭【设计中心】对话框，结果如图 8-75 所示。

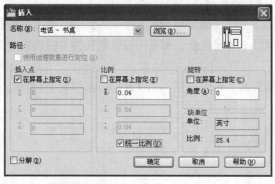

图 8-74　【插入】对话框

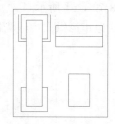

图 8-75　插入"电话-书桌"块

8.4.3　绘制整体系统图

1．组合网络接线盒、计算机与电话机

复制 1 个网络接线盒、1 个计算机与 1 部电话机到适当位置，然后绘制连接线，结果如图 8-76 所示。

2．绘制组合框

（1）绘制长度为 1250 的水平线段，并将其向下偏移 45、100、100、100、100、100、100、100。

（2）连接上下线段的左侧端点，然后将此竖直线段分别向右偏移 50、200、200、200、200、200、200，并匹配到图框层，结果如图 8-77 所示。

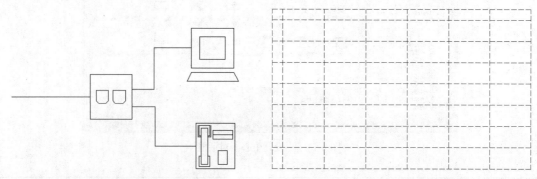

图 8-76　组合网络接线盒、计算机与电话机　　　　图 8-77　绘制图框

3．复制各元器件

根据各个楼层功能的不同布置网络节点，然后复制各配线架、数字程控交换机系统及图 8-76 组合到适当位置，最后绘制各连接线，结果如图 8-78 所示。

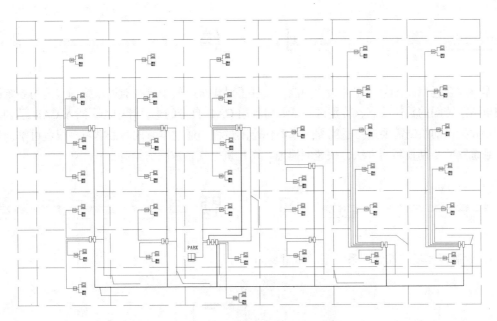

图 8-78　复制各元器件并绘制连接线

4. 匹配图层并填写文字

（1）按连接线所表示的线路功能进行图层匹配。

（2）设置文字高度为 11，在图中的适当位置填写单行文字"图书馆"、"教学楼一栋"、"教学楼二栋"、"实验楼"、"宿舍楼 1"、"宿舍楼 2"及各楼层编号。

（3）设置文字高度为 7，在图中的适当位置填写其他单行文字，结果如图 8-79 所示。

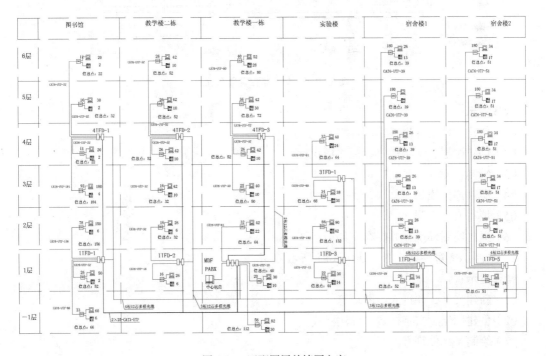

图 8-79　匹配图层并填写文字

小　　结

　　本章综合运用 CAD 的相关绘图功能，实现了对建筑电气中可视对讲系统图、消防系统图及网络电话系统图的具体绘制，特别讲解了如何利用 CAD 自带的【设计中心】插入 CAD 已创建好的图块并按当前绘制需要进行适当缩放来简化绘图过程。通过本章内容的学习，读者可掌握建筑电气系统图的绘制技巧与方法，快速便捷地实现建筑电气系统图的绘制。

习　　题

　　1. 绘制停车场监控管理系统图，如图 8-80 所示。

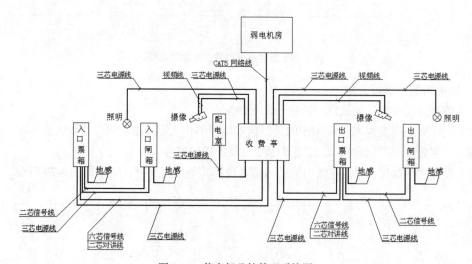

图 8-80　停车场监控管理系统图

操作提示：

（1）新建文件，并进入绘图环境。

（2）创建图层、文字样式、标注样式。

（3）绘制各元件符号。

（4）绘制连接线。

（5）填写文字说明。

（6）退出绘图环境，并保存文件。

　　2. 绘制访客对讲系统图，如图 8-81 所示。

操作提示：

（1）新建文件，并进入绘图环境。

（2）创建图层、文字样式、标注样式。

（3）绘制各元件符号。

（4）绘制连接线。

（5）填写文字说明。

（6）退出绘图环境，并保存文件。

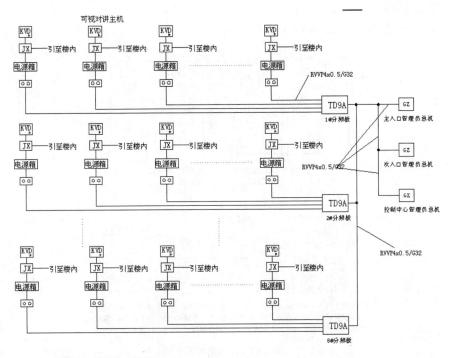

图 8-81　访客对讲系统图

3. 绘制背景音乐与消防广播系统图，如图 8-82 所示。

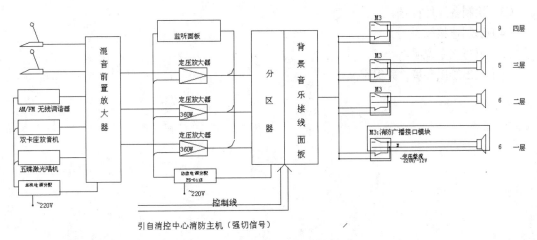

图 8-82　背景音乐与消防广播系统图

操作提示：

（1）新建文件，并进入绘图环境。

（2）创建图层、文字样式、标注样式。

（3）绘制各元件符号。

（4）绘制连接线。

（5）填写文字说明。

（6）退出绘图环境，并保存文件。

4. 绘制视频监控系统图，如图 8-83 所示。

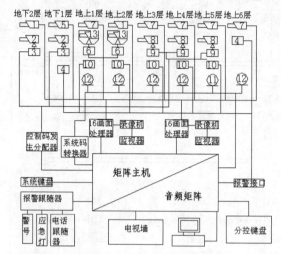

1—摄像机 2—带云台摄像机 3—解码器 4—报警点 5—摄像机 6—码转换器
7—摄像机 8—带云台摄像机 9—解码器 10—报警点 11—监听点 12—监听点
13—快球摄像机 14—固定摄像机 15—固定摄像机 16—个报警点

图 8-83 视频监控系统图

操作提示：

（1）新建文件，并进入绘图环境。

（2）创建图层、文字样式、标注样式。

（3）绘制各元件符号。

（4）绘制连接线。

（5）填写文字说明。

（6）退出绘图环境，并保存文件。

第9章
工业控制电气图绘制

【学习目标】

- 熟练掌握绘制工厂电气中的主接线图。
- 掌握工业控制电气图中各个元器件的绘制方法。
- 了解工业控制电气中常用的设备、器件及其符号。

本章将以工业中比较常见的电机拖动控制系统电路、液位控制系统电路和变频调速控制电路为例，详细讲解工业控制电气图的绘制。

9.1 创建自定义样板文件

本节将着重讲解如何为具有相同图层、文字样式、标注样式和表格样式的工业控制电气图创建通用的自定义样板文件。

9.1.1 设置图层

一共设置以下 3 个图层："外框线层"、"文字编辑层"和"虚线层"，将"外框线层"设置为当前图层。设置好的各图层属性如图 9-1 所示。

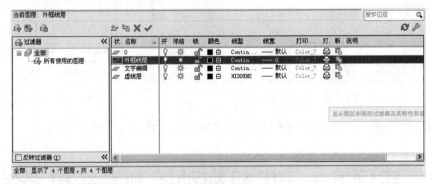

图 9-1 设置图层

9.1.2 设置文字样式

（1）选择菜单命令【格式】/【文字样式】，弹出【文字样式】对话框，如图 9-2 所示。

（2）新创建名为"工业控制"的文字样式，设置【字体名】为"宋体"，设置【字体样式】为"常规"，设置【文字高度】为"7"，其他为系统默认，并将该文字样式置为当前应用状态。

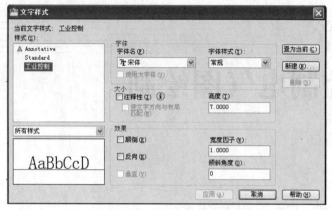

图 9-2　【文字样式】对话框

9.1.3　保存为自定义样本文件

（1）单击 按钮，选择【另存为】命令，弹出【图形另存为】对话框，如图 9-3 所示。选择【文件类型】为"AutoCAD 图形样板（*.dwt）"，输入【文件名】为"工业控制电气图用样板"。

（2）单击 保存(S) 按钮，弹出【样板选项】对话框，如图 9-4 所示。选择【测量单位】为【公制】，在【新图层通知】分组框中选择【将所有图层另存为未协调】单选项。

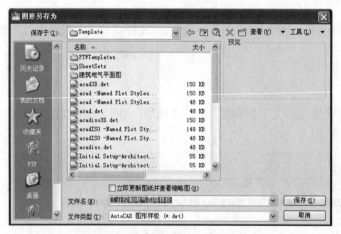

图 9-3　【图形另存为】对话框

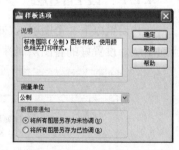

图 9-4　【样板选项】对话框

（3）单击 确定 按钮，关闭【样板选项】对话框，样板文件创建完毕。

9.2　实例 6——电机拖动控制系统电路绘制

图 9-5 所示为并励直流电动机串联电阻起动电路图，这是一种很常见的电机拖动控制系统电路图。该电路图结构相对比较简单，本节将详细介绍其绘制方法。

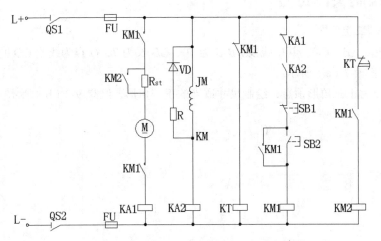

图 9-5　并励直流电动机串联电阻起动电路图

9.2.1　建立新文件

（1）启动 AutoCAD 2010 应用程序。

（2）在命令行键入命令"NEW"或单击快速访问工具栏上的 按钮，在弹出的【选择样板】对话框中选择样板文件为"工业控制电气图用样板"。

（3）在命令行中输入命令"OSNAP"，弹出【草图设置】对话框，如图 9-6 所示，将其中的选项全部选中，以便于后期操作。

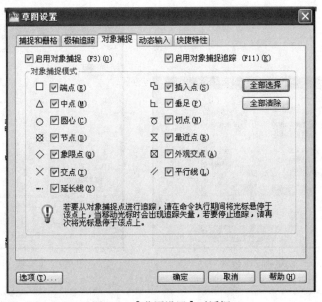

图 9-6　【草图设置】对话框

（4）单击 按钮，选择【另存为】命令，在弹出的【图形另存为】对话框中设置【文件类型】为"AutoCAD 2010 图形（*.dwg）"，输入【文件名】为"电机拖动控制系统电路图.dwg"，并设置保存路径。

9.2.2 绘制实体符号

1. 绘制块"二极管"

（1）绘制线段 AB、CD，其中线段 AB 长为10、CD 长为7，O 点为线段 CD 的中点，且距 A 点为2，结果如图9-7（a）所示。

（2）以 O 点为正三角形顶点，绘制尺寸适当的正三角形，结果9-7（b）所示。

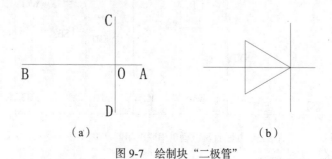

（a）　　　　　　　　　　　　　（b）

图9-7　绘制块"二极管"

（3）单击【常用】选项卡中【块】面板上的 按钮，打开【块定义】对话框，如图9-8所示。输入【名称】为"二极管"，设定【拾取点】为二极管的最左侧端点，【选择对象】为图9-7（b），然后单击 确定 按钮，块创建完毕。

（4）在命令行中输入"WBLOCK"，打开【写块】对话框，如图 9-9 所示。在【源】分组框选择【块】单选项，在【块】下拉列表中选择【二极管】，在【目标】分组框中单击【文件名和路径】下拉列表右侧的 按钮，设置其保存路径为"C:\Documents and Settings\Administrator\桌面\CAD 符号块\二极管.dwg"。

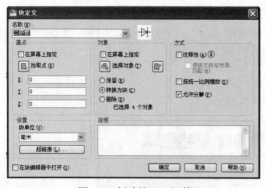

图9-8　创建块"二极管"

图9-9　【写块】对话框

要点提示

本章所有的块都放置在桌面的"CAD 符号块"文件夹中。

（5）再单击 确定 按钮，关闭【写块】对话框。写块操作完毕。

要点提示

若仅是创建块，但不写块到相应的 ".dwg" 文件，该块将只能在当前图形的绘制中使用，而无法应用到其他的图形中。而电气图经常是由一些常用符号组建而成的，所以十分有必要将绘制的电气符号进行写块操作，并将其保存为指定文件夹中的 "*.dwg" 文件，以备后用。

要点提示

若在绘图时，插入的符号块尺寸与将要绘制的图形不成比例，则可根据绘制的电气图的大小缩放块的大小，以保证插入块的尺寸在各个图中的大小合适。

2. 绘制块 "熔断器"

（1）绘制一个 10×5 的矩形，然后捕捉矩形左侧边的中点并水平左移 5 确定起始点，向右绘制长为 20 的线段，结果如图 9-10（b）所示，即为熔断器符号。

（2）以水平线段的最左侧端点为基点，创建名为 "熔断器" 的块。

（3）在命令行中输入 "WBLOCK"，将块 "熔断器" 保存至桌面的 "CAD 符号块" 文件夹中。

3. 绘制块 "电阻"

（1）绘制一个 10×5 的矩形，然后捕捉矩形左侧边的中点并水平向左绘制长为 5 的线段，并将其镜像，结果如图 9-11 所示。

（2）以水平线段的最左侧端点为基点，创建名为 "电阻" 的块，并将其保存。

图 9-10　绘制块 "熔断器"　　　　　图 9-11　绘制块 "电阻"

4. 绘制块 "直流电动机"

（1）绘制一个半径为 7.5 的圆，然后在圆内的适当位置填写文字 "M" 和直流符号 "—"，结果如图 9-12 所示。

（2）以圆心为基点，创建名为 "直流电动机" 的块，并将其保存。

5. 绘制块 "继电器"

（1）绘制一个 12×5 的矩形，然后捕捉矩形顶边中点并垂直向上绘制一条长为 5 的线段，并将其镜像，结果如图 9-13 所示。

（2）以最下侧端点为基点，创建名为 "继电器" 的块，然后将其保存。

图 9-12　绘制块 "直流电动机"　　　　图 9-13　绘制块 "继电器"

6. 绘制块 "线圈"

（1）绘制一个半径为 2.5 的圆，然后捕捉圆的上侧象限点，依次向下复制 3 个圆，使其彼此相切，然后连线，结果如图 9-14（a）所示。

（2）修剪图形，结果如图 9-14（b）所示。

（3）以最下侧半圆的下侧象限点为基点，创建名为 "线圈" 的块，然后将其保存。

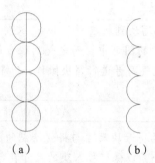

（a）　　　　　　　　（b）

图 9-14　绘制块"线圈"

7. 绘制块"常用开关"

（1）连续绘制 3 条长度均为 8 的水平线段 1、2、3，结果如图 9-15（a）所示。

（2）以线段 2 的左端点为基点将其旋转，旋转角度为 30°，结果如图 9-15（b）所示。

（3）将线段 2 沿其线段方向斜向上拉长 2，结果如图 9-15（c）所示。

（4）以最左侧端点为基点，创建名为"常用开关"的块，然后将其保存。

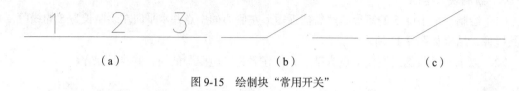

（a）　　　　　　　　　（b）　　　　　　　　　（c）

图 9-15　绘制块"常用开关"

8. 绘制块"接触器"

（1）单击【常用】选项卡中【块】面板上的 按钮，打开【插入】对话框，从【名称】下拉列表中选择【常用开关】，设定【插入点】为【在屏幕上指定】，其他为默认值，然后将其分解。

（2）捕捉线段 3 的左端点，绘制半径为 0.75 的圆，结果如图 9-16（a）所示。

（3）修剪小圆，结果如图 9-16（b）所示。

（4）以最左侧线段的左端点为基点，创建名为"接触器"的块，然后将其保存。

（a）　　　　　　　　　　（b）

图 9-16　绘制块"接触器"

9. 绘制块"隔离开关"

（1）插入块"常用开关"。设定【插入点】为【在屏幕上指定】，设定【旋转】分组框中的【角度】为"180"，其他为默认值，然后将其分解，结果如图 9-17（a）所示。

（2）以 O 点为中点绘制长为 2 的线段，结果如图 9-17（b）所示。

（3）以线段的最左侧端点为基点，创建名为"隔离开关"的块，并将其保存。

（a）　　　　　　　　　　（b）

图 9-17　绘制块"隔离开关"

10.　绘制块"动断触头"

（1）插入块"常用开关"，设定【插入点】为【在屏幕上指定】，其他为默认值，然后将其分解。

（2）捕捉右侧线段的左端点垂直向上绘制一条长为 6 的线段，结果如图 9-18 所示。

（3）以线段的最左侧端点为基点，创建名为"动断触头"的块，并将其保存。

图 9-18　绘制块"动断触头"

11.　绘制块"常用按钮开关"

（1）插入块"常用开关"，设定【插入点】为【在屏幕上指定】，其他为默认值，然后将其分解。

（2）捕捉交点 A 并垂直向上偏移 8 绘制线段，其中线段 BC 长为 4、CD 长为 8、DE 长为 4，结果如图 9-19（a）所示。

（3）将当前图层设置为"虚线层"，捕捉线段 CD 的中点绘制垂直线段与斜线相交，结果如图 9-19（b）所示。

（4）以线段的最左侧端点为基点，创建名为"常用按钮开关"的块，并将其保存。

（a）　　　　　　　　　　（b）

图 9-19　绘制块"常用按钮开关"

12.　绘制块"按钮动断开关"

（1）插入块"常用按钮开关"，设定【插入点】为【在屏幕上指定】，其他为默认值，然后将其分解，并删除"常用开关"部分，结果如图 9-20（a）所示。

（2）将图 9-20（a）旋转 180°，结果如图 9-20（b）所示。

（3）打开【插入】对话框，从【名称】下拉列表中选择块【动断触头】，设定【插入点】为【在屏幕上指定】，其他为默认值，然后将其分解。

（4）将图 9-20（b）移动到块"动断触头"的适当位置，结果如图 9-20（c）所示。

（5）以线段的最左侧端点为基点，创建名为"按钮动断开关"的块，并将其保存。

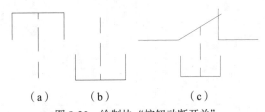

（a）　　　　（b）　　　　（c）

图 9-20　绘制块"按钮动断开关"

13.　绘制块"延时动断触点"

（1）插入块"动断触头"，设定【插入点】为【在屏幕上指定】，设定【旋转】分组框中的【角度】为"90"，其他为默认值。然后将其分解，结果如图 9-21（a）所示。

（2）以动断触头右侧任意一条垂线为镜像线，镜像动断触头到另一侧，并删除源对象。结果如图 9-21（b）所示。

（3）绘制一条长为 10 的线段 AB，然后将其向上偏移两次，偏移距离均为 1，结果如图 9-22（a）所示。

（4）以线段 CD 的中点为圆心并以其长度为直径绘制圆，然后在圆上的适当位置绘制一条竖直线段，结果如图 9-22（b）所示。

（5）修剪图形，结果如图 9-22（c）所示。

（6）以线段的最下侧端点为基点，创建名为"延时动断触点"的块，并将其保存。

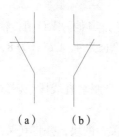

（a）　　　（b）

图 9-21　旋转并镜像块"动断触头"

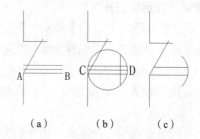

（a）　　　（b）　　　（c）

图 9-22　绘制块"延时动断触点"

14. 绘制块"节点"

（1）绘制一个半径为 1 的圆，然后利用填充图案"SOLID"填充圆，结果如图 9-23 所示。

（2）以圆心为基点，创建名为"节点"的块，并将其保存。

图 9-23　绘制块"节点"

9.2.3　绘制线路结构图

（1）设定绘图区域大小为 400×300。

（2）在绘图区的适当位置绘制线段，其中线段 AF 长为 280、FG 长为 170、GM 长为 280。

（3）将线段 FG 依次向左偏移 60、20、20、40、16、24、14，将线段 MG 依次向上偏移 49、26、4、29、20、22。

（4）修剪多余线条，得线路结构图，结果如图 9-24 所示。

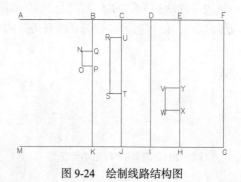

图 9-24　绘制线路结构图

9.2.4　将实体符号插入到线路结构图

单独绘制的符号以"块"的形式插入到结构线路中时，可能会出现不协调，此时需要根据实际情况来缩放。插入实体符号块时，需要结合对象捕捉、对象追踪或正交等功能，并选择合适的块插入点。此外，也可能需要对符号块进行旋转、平移、修剪等操作。当多次用到同一元器件时，可将相应的符号块进行复制。所以，需要综合利用多种图形编辑命令来完成整个电路图。

下面将以实体符号块插入到线路结构图中为例，来介绍具体的操作步骤。

1. 插入块"直流电动机"

（1）单击【常用】选项卡中【块】面板上的 按钮，打开【插入】对话框，如图 9-25 所示。从【名称】下拉列表中选择块【直流电动机】，设定【插入点】为【在屏幕上指定】，设定【比例】为【在屏幕上指定】，其他为默认值。

（2）单击 确定 按钮，关闭【插入】对话框，返回绘图区。

（3）在线路 PK 上拾取适当点作为块的插入点，插入块"直流电动机"，结果如图 9-26（a）所示。

（4）修剪图形，结果如图 9-26（b）所示。

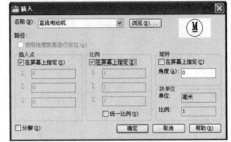

图 9-25　【插入】对话框

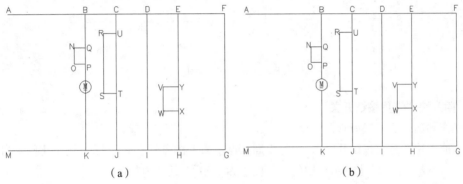

（a）　　　　　　　　　　　　（b）

图 9-26　插入块"直流电动机"

2. 插入"块二极管"

（1）单击【常用】选项卡中【块】面板上的 按钮，打开【插入】对话框，如图 9-27 所示。从【名称】下拉列表中选择块【二极管】，设定【插入点】为【在屏幕上指定】，设定【比例】为【在屏幕上指定】，设定【旋转】分组框中的【角度】为"90"，其他为默认值。

（2）单击 确定 按钮，关闭【插入】对话框，返回绘图区。

（3）在线路 RS 上拾取适当点作为块的插入点，先将"块二极管"按适当比例进行缩放再插入，结果如图 9-28 所示。

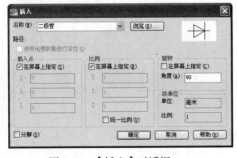

图 9-27　【插入】对话框

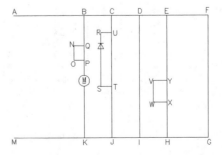

图 9-28　插入块"二极管"

3. 插入块"电阻"

该操作同插入"二极管"。

（1）插入块"电阻"，设定【插入点】为【在屏幕上指定】，设定【旋转】分组框中的【角度】为"90"，其他为默认值。

（2）单击 确定 按钮，关闭【插入】对话框，返回绘图区。

（3）在线路 RS 上拾取适当点作为块的插入点，插入块"电阻"，结果如图 9-29（a）所示。

（4）修剪图形，结果如图 9-29（b）所示。

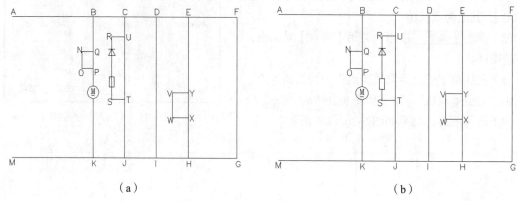

（a） 　　　　　　　　　　　　　　　　 （b）

图 9-29　插入块"电阻"

4. 插入块"常用按钮开关"

该操作同插入块"二极管"。

（1）插入块"常用按钮开关"，设定【插入点】为【在屏幕上指定】，设定【比例】为【在屏幕上指定】，设定【旋转】分组框中的【角度】为"90"，其他为默认值。

（2）单击 确定 按钮，关闭【插入】对话框，返回绘图区。

（3）在线路 YX 上拾取适当点作为块的插入点，插入块"常用按钮开关"，结果如图 9-30（a）所示。

（4）以线路 YX 为镜像线，镜像块到另一侧，并删除源对象，结果如图 9-30（a）所示。

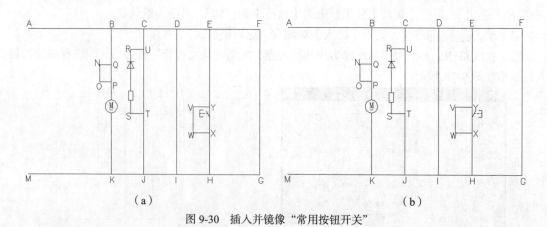

（a） 　　　　　　　　　　　　　　　　 （b）

图 9-30　插入并镜像"常用按钮开关"

（5）修剪图形，结果如图 9-31 所示。

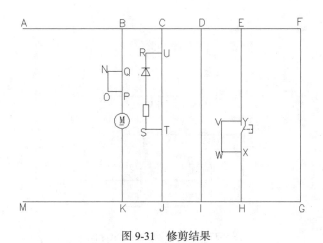

图 9-31　修剪结果

5. 绘制接线端子并插入节点及其他元器件

（1）分别捕捉 *A*、*B* 点并水平向左偏移 1 确定两圆心，分别绘制直径为 2 的圆，作为接线端子。

（2）插入节点及其他器件的实体符号，用户可参看上述相关内容完成，结果如图 9-32 所示。

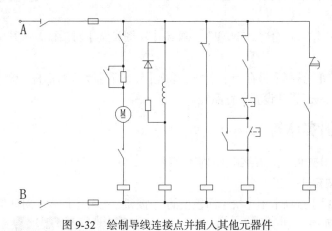

图 9-32　绘制导线连接点并插入其他元器件

9.2.5　添加注释和文字

单击【常用】选项卡中【注释】面板上的 **A** 按钮，在图 9-32 所示的适当位置添加文字和注释，最终结果如图 9-5 所示。

9.3　实例 7——液位控制系统电路图绘制

图 9-33 所示为液位自动控制器电路图，这是一种很常见的自动控制装置。该电路图结构比较简单，包含了按钮开关、信号灯、扭子开关、电极探头、电源接线头等多种电气元件，本节将详细介绍其绘制方法。

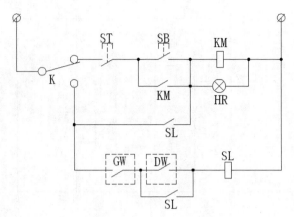

图 9-33 液位自动控制器电路图

9.3.1 建立新文件

（1）启动 AutoCAD 2010 应用程序。

（2）在命令行键入命令"NEW"或单击快速访问工具栏上的□按钮，在弹出的【选择样板】对话框中选择样板文件为"工业控制电气图用样板.dwt"，单击 打开⑩ 按钮，进入 CAD 绘图区域。

（3）在命令行中输入命令"OSNAP"，弹出【草图设置】对话框，将其中的选项全部选中，以便于后期操作。

（4）单击 按钮，选择【另存为】命令，弹出【图形另存为】对话框，输入【文件名】为"液位控制系统电路图.dwg"，并设置保存路径。

9.3.2 绘制实体符号

本节将仅绘制未在 9.2 节中绘制过的实体符号。

1. 绘制块"按钮开关 2"

（1）单击【常用】选项卡中【块】面板上的 按钮，打开【插入】对话框，如图 9-34 所示。单击【名称】下拉列表右侧的 浏览⑧... 按钮，选择块"常用按钮开关"，设定其【插入点】为【在屏幕上指定】，其他为默认值。

（2）单击 确定 按钮，关闭该对话框，然后在绘图区中选取适当点作为插入点插入该块，然后将其分解，结果如图 9-35（a）所示。

（3）以虚线为镜像线，镜像常用开关部分，再以常用开关部分的水平线段为镜像线，将常用开关部分镜像到另一侧，并删除源对象，结果如图 9-35（b）所示。

（4）将虚线延长至与斜线相交，结果如图 9-35（c）所示。

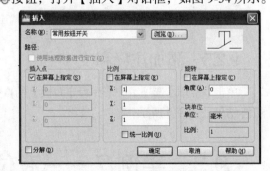

图 9-34 【插入】对话框

（5）以水平线的最左侧端点为基点，创建名为"按钮开关 2"的块，然后将其保存。

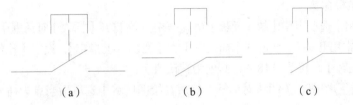

$$（a）\qquad\qquad（b）\qquad\qquad（c）$$

图 9-35　绘制块"按钮开关 2"

2. 绘制块"信号灯"

（1）绘制一个半径为 5 的圆，然后以圆心为中点绘制长为 40 的线段，结果如图 9-36（a）所示。

（2）以圆心为起点，分别绘制两条与圆相交且与水平方向分别为 45° 和 135° 夹角的斜线，并修剪图形，结果如图 9-36（b）所示。

（3）镜像斜线，结果如图 9-36（c）所示。

（4）以左侧水平线的最左侧端点为基点，创建名为"信号灯"的块，并将其保存。

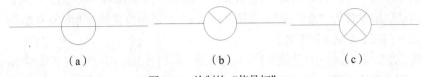

$$（a）\qquad\qquad（b）\qquad\qquad（c）$$

图 9-36　绘制块"信号灯"

3. 绘制块"电源接线端"

（1）绘制一条长为 8 且与水平线夹角为 45° 的线段，然后捕捉该线段的中点垂直向下绘制一条长为 9 的线段，结果如图 9-37（a）所示。

（2）捕捉两线段交点为圆心绘制一个半径为 3 的圆，结果如图 9-37（b）所示。

（3）以垂直线段的下端点为基点，创建名为"电源接线端"的块，并将其保存。

4. 绘制块"扭子开关"

（1）绘制一条长度为 18 的垂直线段，然后捕捉该线段的中点并水平向左绘制一条长为 45 的线段。

$$（a）\qquad\qquad（b）$$

图 9-37　绘制块"电源接线端"

（2）分别以垂直线段的两端点和水平线段的中点为圆心绘制 3 个半径均为 3 的小圆。

（3）绘制适当长度的线段 AB，结果如图 9-38（a）所示。

（4）修剪并删除多余线段，结果如图 9-38（b）所示。

（5）以左侧水平线的最左侧端点为基点，创建名为"扭子开关"的块，并将其保存。

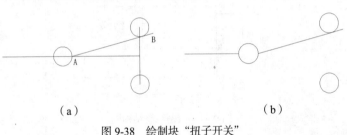

$$（a）\qquad\qquad\qquad\qquad（b）$$

图 9-38　绘制块"扭子开关"

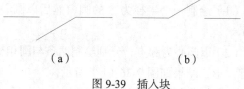

5. 绘制块"电极探头"

（1）单击【常用】选项卡中【块】面板上的 按钮，在打开【插入】对话框中单击 按钮，选择符号块"常用开关"，设定其【插入点】为【在屏幕上指定】，设定【比例】为【在屏幕上指定】，设定【旋转】角度为"180"，其他为默认值。

（2）单击 确定 按钮，关闭该对话框，然后在绘图区域中选取适当点为插入点插入该块，结果如图 9-39（a）所示。

（3）重复操作步骤（1），但需要设置【旋转】分组框中的【角度】为"0"，在绘图区的适当位置再次插入块"常用开关"，然后移动该块使其与旋转 180°的块水平且保持适当距离，结果如图 9-39（b）所示。

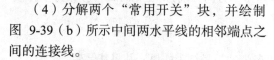

（a）　　　　　　　　（b）

（4）分解两个"常用开关"块，并绘制图 9-39（b）所示中间两水平线的相邻端点之间的连接线。

图 9-39　插入块

（5）捕捉连接线的中点为插入基点，插入块"节点"，结果如图 9-40（a）所示。

（6）将当前图层设置为"虚线层"，在图 9-40（a）的适当位置选取起始点并绘制一个尺寸适当的矩形，结果如图 9-41（a）所示。

（7）以垂直过节点圆心的直线为镜像线，镜像虚线矩形到节点的另一侧，结果如图 9-40（b）所示。

（8）以左侧水平线的最左侧端点为基点，创建名为"电极探头"的块，并将其保存。

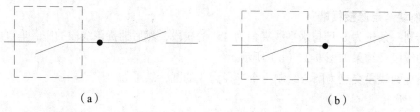

（a）　　　　　　　　（b）

图 9-40　绘制块"电极探头"

9.3.3　绘制线路结构图

（1）设定绘图区域大小为 400×300。

（2）绘制一条长为 114 的垂直线段 LJ，以 J 为端点水平向左绘制一条长为 160 的线段 JK。

（3）将线段 LJ 依次向左偏移 25、45、40、50、45，再将线段 KJ 依次向上偏移 34、29、11、9，向下偏移 20。

（4）修剪、延伸并删除多余线段，结果如图 9-41 所示。

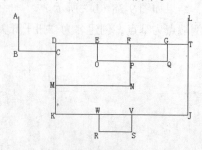

图 9-41　绘制线路结构图

9.3.4 将实体符号插入到线路结构图

单独绘制的符号以"块"的形式插入到结构线路中时，可能会出现不协调，此时需要根据实际情况来缩放。插入实体符号块时，需要结合对象捕捉、对象追踪或正交等功能，并选择合适的块插入点。此外，也可能需要对符号块进行旋转、平移、修剪等操作。下面将选择几个典型的实体符号插入结构线路图，来介绍具体的操作步骤。

1. 插入块"按钮开关 2"

（1）插入块"按钮开关 2"，设定其【插入点】为【在屏幕上指定】，其他为默认值。

（2）取线路 EF 上的适当点为插入点并插入该块，结果如图 9-42（a）所示。

（3）修剪多余线段，结果如图 9-42（b）所示。

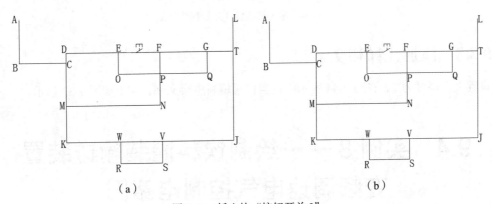

图 9-42 插入块"按钮开关 2"

2. 插入块"扭子开关"

（1）插入块"扭子开关"，设定其【插入点】为【在屏幕上指定】，其他为默认值。

（2）捕捉右上侧圆的圆心为基点插入到 D 点处，使得该块的位置如图 9-43（a）所示。

（3）修剪多余线段，结果如图 9-43（b）所示。

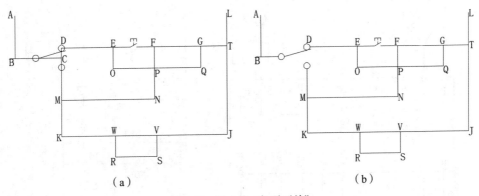

图 9-43 插入块"扭子开关"

3. 插入其他器件并绘制继电器

其他各开关、信号灯、电极探头、继电器及节点的插入与上述两种实体符号的插入方法相同，这里不再赘述，结果如图 9-44 所示。

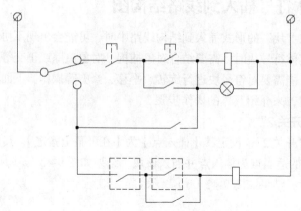

图 9-44　插入其他器件并绘制继电器

9.3.5　添加注释和文字

设置文字高度为 7，在图 9-44 所示的适当位置填写多行文字，结果如图 9-33 所示。

9.4　实例 8——绘制饮料灌装输送装置变频调速电气控制电路图

图 9-45 所示为饮料灌装输送装置变频调速电气控制图，它由主回路和控制回路两部分构成，其驱动电动机为 YEJ 系列电磁制动电动机，容量为 5.5kW，额定转速为 960r/min。本节将详细讲解该图的绘制方法。

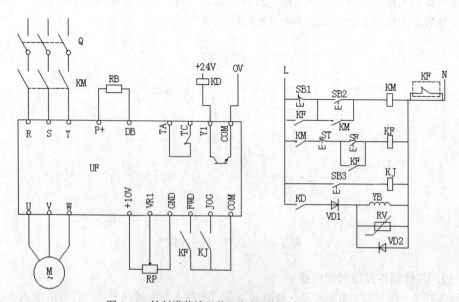

图 9-45　饮料灌装输送装置变频调速电气控制电路图

9.4.1　建立新文件

（1）启动 AutoCAD 2010 应用程序。

（2）在命令行键入命令"NEW"或单击快速访问工具栏上的█按钮，在弹出的【选择样板】对话框中选择样板文件为"工业控制电气图用样板.dwt"，单击 打开(0) 按钮，进入 CAD 绘图区域。

（3）单击█按钮，选择【另存为】命令，弹出【图形另存为】对话框，输入【文件名】为"饮料灌装输送装置变频调速电气控制图.dwg"，并设置保存路径。

9.4.2　绘制主回路各元器件

1. 设定绘图区域

设置绘图区域大小为 600×400。

2. 绘制块"UF 集成块"

（1）绘制 220×90 的矩形，并分解该矩形。

（2）水平向右偏移矩形左侧边 10，然后将偏移后的线段分别向上、向下拉长 30，再将拉长后的线段向右依次偏移 20、20、30、30、20、20、20、20、20；垂直向下偏移矩形顶边，偏移量依次为 30、30，结果如图 9-46 所示。

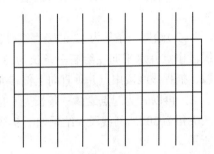

图 9-46　绘制矩形及偏移、拉伸线段

（3）修剪并删除多余线段，结果如图 9-47（a）所示。

（4）在与矩形顶边的交点处将线段 C、D 打断，然后将线段 A、B、C、D 分别向下移动 4，结果如图 9-47（b）所示。

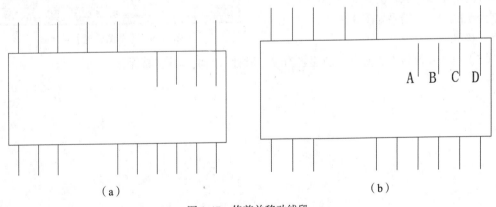

（a）　　　　　　　　　　　　　　　（b）

图 9-47　修剪并移动线段

（5）绘制半径为 2 的圆。分别捕捉圆的上象限点和下象限点为基点，复制该圆到图中各相应线段的端点处，结果如图 9-48（a）所示。

（6）填写单行文字，字体高度为 7，在图中的各相应接线处添加数字和字母，结果如图 9-48（b）所示。

（7）以最左下角端点为基点，创建名为"UF 集成"的块，然后将其保存。

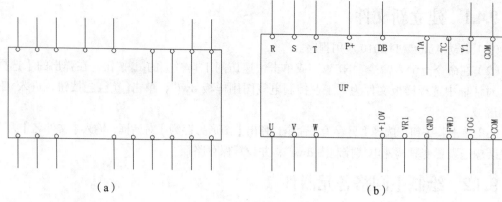

（a）   （b）

图 9-48　绘制圆及填写文字

3. 绘制块"三极管"

（1）打开【草图设置】对话框，设置【极轴追踪】选项卡的【增量角】为"30"，如图 9-49 所示。

（2）绘制一条长为 12 的竖直线段，捕捉线段中点并水平向左绘制一条长为 3 的线段，捕捉该线段中点并垂直向上偏移 4 确定点 E，再以 E 为起点绘制一条长为 6 与水平线夹角为 30° 的斜线段，结果如图 9-50（a）所示。

（3）以水平线段为镜像线，镜像 30° 的斜线段，结果如图 9-50（b）所示。

（4）启动多段线命令，以 K 点为起点在斜线方向上绘制起点宽度为 0，终点（P 点）宽度为 1 的箭头，结果如图 9-50（c）所示，即为三极管。

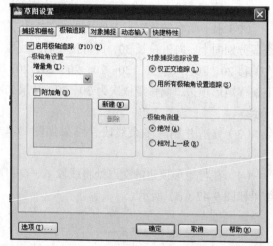

图 9-49　【草图设置】对话框

（5）以最左侧端点为基点，创建名为"三极管"的块，并将其保存。

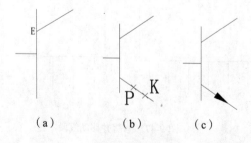

（a）   （b）   （c）

图 9-50　绘制块"三极管"

4. 绘制块"熔断开关"

（1）单击【常用】选项卡中【块】面板上的 按钮，打开【插入】对话框，单击 浏览(B)... 按钮，选择"常用开关"，设定其【插入点】为【在屏幕上指定】，设定【比例】为【在屏幕上指定】，设定【旋转】分组框中的【角度】为"90"，其他为默认值，插入块"常用开关"，并将其分解。

（2）捕捉 *A* 点为圆心，绘制半径为 2 的圆，结果如图 9-51（a）所示。

（3）修剪多余线段，结果如图 9-51（b）所示。

（4）依次水平复制两个图 9-51（b），复制间隔均为 20，结果如图 9-52（b）所示。

（5）将当前图层设置为"虚线层"，捕捉各斜线的中点并绘制连接线，结果如图 9-52（b）所示。

（6）以左下角垂直线段的下端点为基点，创建名为"熔断开关"的块，并将其保存。

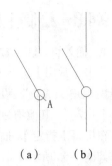

　　（a）　　　（b）

图 9-51　插入块"常用开关等"

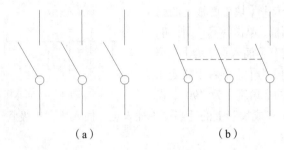

（a）　　　　　　　　　（b）

图 9-52　绘制块"熔断开关"

5. 绘制块"总电源开关"

（1）单击【常用】选项卡中【块】面板上的按钮，打开【插入】对话框，单击 浏览(B)... 按钮，选择块"常用开关"，设定其【插入点】为【在屏幕上指定】，设定【比例】为【在屏幕上指定】，设定【旋转】分组框中的【角度】为"90"，其他为默认值，插入结果如图 9-53（a）所示。

（2）水平向右复制两个块"常用开关"，复制间隔均为 20，然后分解块。

（3）将当前图层设置为"虚线层"，捕捉 3 条斜线段的下端点绘制连接线，结果如图 9-53（b）所示。

（4）以左下角竖直线段的下端点为基点，创建名为"总电源开关"的块，并将其保存。

6. 绘制块"交流电动机"

（1）单击【常用】选项卡中【块】面板上的按钮，打开【插入】对话框，单击 浏览(B)... 按钮，选择块"直流电动机"，设定其【插入点】为【在屏幕上指定】，设定【比例】为【在屏幕上指定】，其他为默认值，插入图块，然后将其分解。

（2）双击直流符号"—"将其激活，并进入修改状态，删除该符号，并在打开的【文字编辑器】选项卡中单击【插入】面板上的 @ 按钮，插入交流符号"～"，结果如图 9-54 所示。

（3）以圆的左侧象限点为基点，创建名为"交流电动机"的块，并将其保存。

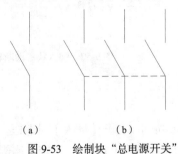

（a）　　　　（b）

图 9-53　绘制块"总电源开关"

图 9-54　绘制交流电动机

9.4.3　绘制主回路并标注文字

1. 插入块"UF 集成块"

单击【常用】选项卡中【块】面板上的 ⬚ 按钮，打开【插入】对话框，单击 浏览(B)… 按钮，选择块"UF 集成块"，设定其【插入点】为【在屏幕上指定】，其他均为默认值，设定【比例】为【在屏幕上指定】，插入块"UF 集成块"，结果如图 9-55 所示。

2. 插入块"三极管"

单击【常用】选项卡中【块】面板上的 ⬚ 按钮，打开【插入】对话框，单击 浏览(B)… 按钮，选择块"三极管"，设定其【插入点】为【在屏幕上指定】，设定【比例】为【在屏幕上指定】，设定【旋转】分组框中的【角度】为"90"，设

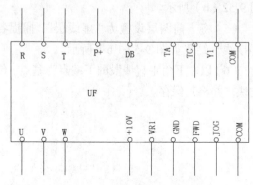

图 9-55　插入块"UF 集成块"

定均为默认值，取"UF 集成块"上的适当点为插入点，插入块"三极管"，并绘制相应水平连接线，结果如图 9-56 所示。

3. 插入块"动断触头"

（1）单击【常用】选项卡中【块】面板上的 ⬚ 按钮，打开【插入】对话框，单击 浏览(B)… 按钮，选择块"动断触头"，设定其【插入点】为【在屏幕上指定】，设定【比例】为【在屏幕上指定】，设定【旋转】分组框中的【角度】为"270"，其余均为默认值，取 UF 集成块 TC 引线上的适当点为插入点，插入块"动断触头"，然后以 TC 引线为镜像线，对旋转后的动断触头进行镜像，然后修剪多余纵向引线。

（2）分解块"动断触头"。

（3）捕捉 TA 纵向引线的下端点和动断触头的下端点，绘制水平连接线，结果如图 9-57 所示。

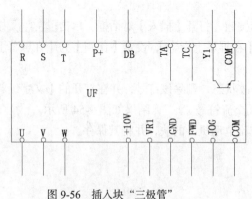

图 9-56　插入块"三极管"

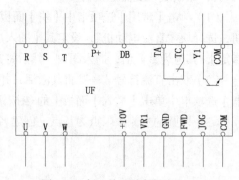

图 9-57　插入块"动断触头"

4. 插入块"总电源开关"

（1）分解块"UF 集成块"。

（2）单击【常用】选项卡中【块】面板上的 ⬚ 按钮，打开【插入】对话框，单击 浏览(B)… 按钮，选择块"总电源开关"，设定其【插入点】为【在屏幕上指定】，设定【比例】为【在屏幕上

指定】，其他均为默认值，捕捉 R 外引线上的适当点为插入基点，插入块"总电源开关"，结果如图 9-58 所示。

5. 插入块"熔断开关"

（1）分解块"总电源开关"。

（2）单击【常用】选项卡中【块】面板上的 ⬚ 按钮，打开【插入】对话框，单击 浏览(B)... 按钮，选择块"熔断开关"，设定其【插入点】为【在屏幕上指定】，设定【比例】为【在屏幕上指定】，其他均为默认值，捕捉总电源开关右侧垂直线段的适当点为插入基点，插入块"熔断开关"，结果如图 9-59 所示。

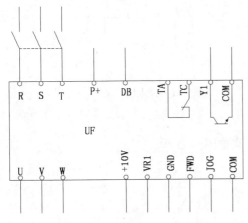

图 9-58　插入块"总电源开关"

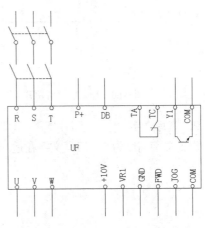

图 9-59　插入块"熔断开关"

6. 插入块"常用开关"

（1）单击【常用】选项卡中【块】面板上的 ⬚ 按钮，打开【插入】对话框，单击 浏览(B)... 按钮，选择块"常用开关"，设定其【插入点】为【在屏幕上指定】，设定【比例】为【在屏幕上指定】，设定【旋转】分组框中的【角度】为"90"，其他均为默认值，捕捉 JOG 外引线上的适当点为插入基点，插入块"常用开关"，然后修剪多余纵向引线。

（2）重复步骤（1），取 FWD 外引线上的适当点为插入基点，插入块"常用开关"，然后修剪多余纵向引线。

（3）捕捉新插入的两个块"常用开关"的下端点并绘制连接线，使其与 UF 底边 COM 纵向引线的延长线相交，结果如图 9-60 所示。

7. 插入块"交流电动机"

（1）单击【常用】选项卡中【块】面板上的 ⬚ 按钮，弹出【插入】对话框，单击 浏览(B)... 按钮，选择块"交流电动机"，设定其【插入点】为【在屏幕上指定】，设定【比例】为【在屏幕上指定】，其他值均为默认，捕捉 V 外引线延长线的适当点为插入基点，插入块"交流电动机"。

（2）绘制 U、V、W 外引线下端点与电动机的连接线，结果如图 9-61 所示。

8. 插入块"电阻"并绘制其他

以相同的方式插入块"电阻"，并绘制相应的箭头、继电器等符号，再修剪多余线条，结果如图 9-62 所示。

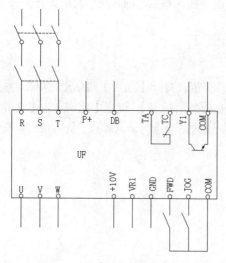

图 9-60 插入块 "常用开关"

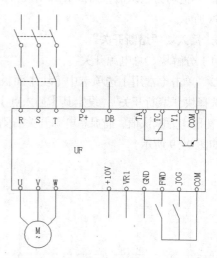

图 9-61 插入块 "交流电动机"

9. 填写文字

设置文字高度为 7，填写文字在适当位置，结果如图 9-63 所示。

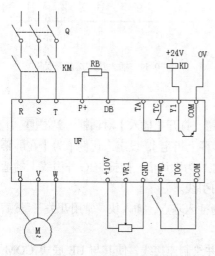

图 9-62 插入块 "电阻"

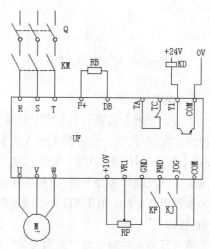

图 9-63 填写文字

9.4.4 绘制控制回路各元器件

前面已绘制的各元器件在此不再重复。

1. 绘制块 "动断触头 2"

（1）单击【常用】选项卡中【块】面板上的 按钮，弹出【插入】对话框，单击 [浏览(B)...] 按钮，选择块 "常用开关"，设定其【插入点】为【在屏幕上指定】，设定【比例】为【在屏幕上指定】，其他均为默认值，以常用开关右侧任意一条垂线为镜像线镜像常用开关到另一侧，并删除源对象，结果如图 9-64（a）所示。

（2）捕捉左侧线段的右侧端点，垂直向上绘制长为 6 的线段，结果如图 9-64（b）所示，即为动断触点开关符号。

（a） （b）

图 9-64　绘制动断触点开关符号

（3）将当前图层设置为"虚线层"，绘制一个 27×14 的矩形，将绘制好的动断触头 2 放入其中，结果如图 9-65 所示。

（4）以矩形左下角端点为基点，创建名为"动断触头 2"的块，请将其保存。

2．绘制块"压敏电阻"

（1）单击【常用】选项卡中【块】面板上的![按钮]按钮，弹出【插入】对话框，单击 [浏览(B)...] 按钮，选择块"电阻"，设定其【插入点】为【在屏幕上指定】，设定【比例】为【在屏幕上指定】，其他均为默认值，插入该块，结果如图 9-66（a）所示。

（2）在图形适当位置绘制一条倾斜角为 45°长为 25 的斜线，以斜线的下端点为起点水平向左绘制一条长为 7 的线段，然后将其移到电阻的适当位置，结果如图 9-66（b）所示。

（3）以左下角水平线段的端点为基点，创建名为"压敏电阻"的块，并将其保存。

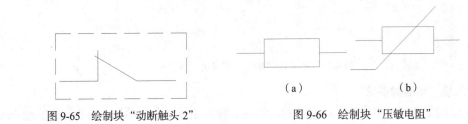

（a） （b）

图 9-65　绘制块"动断触头 2"　　　　图 9-66　绘制块"压敏电阻"

9.4.5　绘制控制回路的线路结构图

（1）绘制线段 *AF*、*AO*，长度分别为 140、156。

（2）将线段 *AF* 向右偏移，偏移量依次为 70、50、36；将线段 *AO* 向下偏移，偏移量依次为 20、20、20、40、20、20、20，结果如图 9-67 所示，修剪并延伸线段，结果如图 9-68 所示。

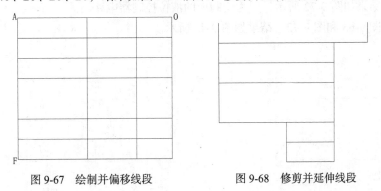

图 9-67　绘制并偏移线段　　　　图 9-68　修剪并延伸线段

9.4.6　绘制控制回路并标注文字

在图 9-68 所示图形的基础上，插入并修改各元器件的符号块，可完成控制回路的绘制。具体如下。

1. 插入块"按钮动断开关"

（1）单击【常用】选项卡中【块】面板上的按钮，弹出【插入】对话框，单击按钮，选择块"按钮动断开关"，设定其【插入点】为【在屏幕上指定】，设定【比例】为【在屏幕上指定】，其他均为默认值，插入该块。

（2）以开关左侧的任意垂直线段作为镜像线，镜像该按钮动断开关，且删除源对象，结果如图 9-69 所示。

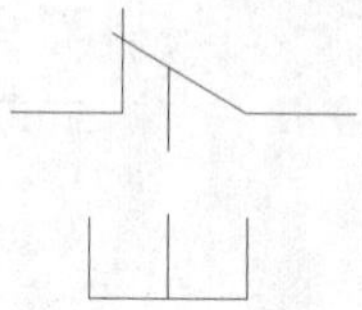

图 9-69　镜像后的按钮动断开关

（3）在线路 BC、DF 上拾取适当点作为块的插入点，插入镜像后的块，结果如图 9-70（a）所示。

（4）修剪多余线段，结果如图 9-70（b）所示。

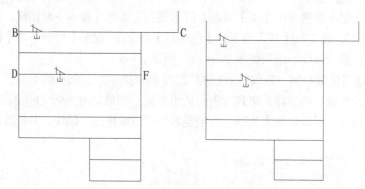

图 9-70　插入块"按钮动断开关"并修剪

2. 插入块"动断触头 2"

单击【常用】选项卡中【块】面板上的按钮，弹出【插入】对话框，单击按钮，选择块"动断触头 2"，设定其【插入点】为【在屏幕上指定】，设定【比例】为【在屏幕上指定】，其他均为默认值，插入该块。

3. 插入其他图形符号

以相同的手法插入其他图形符号，并修剪多余线段，结果如图 9-71 所示。

4. 标注文字

标注文字结果如图 9-72 所示，即为绘制成的液位控制器电路图。

最终组合图 9-63 和图 9-72，结果如图 9-45 所示。

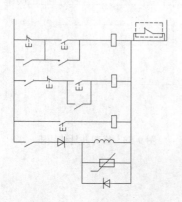

图 9-71　插入其他图形符号

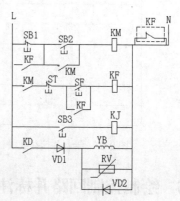

图 9-72　标注文字

小　结

　　工业生产加工中的控制电路图多由类似的元器件和具体线路组合而成。本章首先分解各电路中的元器件，并将其绘制成实体符号块进行存储，在完成线路结构图后，直接对元器件的实体符号块进行插入操作并做适当修改，实现方便快捷省时高效的工业电气控制图绘制。

习　题

1. 绘制图 9-73 所示的矿井提升机 PLC 变频调速控制系统结构图。

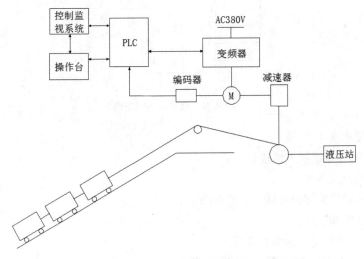

图 9-73　矿井提升机 PLC 变频调速控制系统结构图

操作提示：

（1）新建文件，并进入绘图环境。

（2）绘制小车。

（3）绘制基本结构框图。

（4）绘制基本结构框图的连接线。

（5）添加文字和注释。

（6）退出绘图环境，并保存文件。

2. 绘制图 9-74 所示的启动器主回路图。

操作提示：

（1）新建文件，并进入绘图环境。

（2）绘制主回路的结构图。

（3）绘制软启动集成块。

（4）绘制中间继电器。

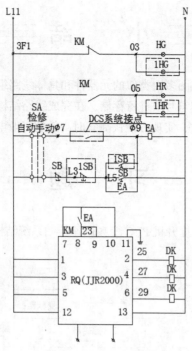

图 9-74　启动器主回路图

（5）绘制接地线。

（6）绘制 DCS 系统接入模块。

（7）绘制其他元器件。

（8）将绘制成的实体符号插入到结构图中。

（9）添加文字和注释。

（10）退出绘图环境，并保存文件。

3．绘制图 9-75 所示的水塔水位控制电路。

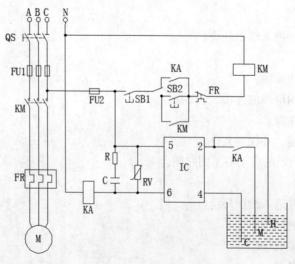

图 9-75　水塔水位控制电路

操作提示：

（1）新建文件，并进入绘图环境。

（2）绘制主回路图。

（3）绘制控制回路图。

（4）将主回路和控制回路用连接线连接起来。

（5）添加文字和注释。

（6）退出绘图环境，并保存文件。

4. 绘制图 9-76 所示的停电来电自动告知线路图。

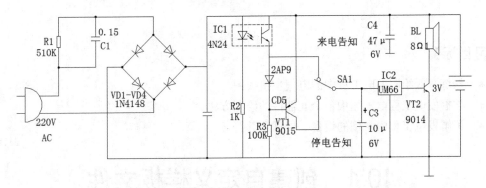

图 9-76　停电来电自动告知线路图

操作提示：

（1）新建文件，并进入绘图环境。

（2）绘制线路结构图。

（3）绘制各图形符号。

（4）将图形符号插入结构图中。

（5）添加文字和注释。

（6）退出绘图环境，并保存文件。

第 10 章

发电工程电气图绘制

【学习目标】

- 熟练掌握绘制发电工程中的电气主接线图。
- 掌握发电工程电气图中各个元器件的绘制方法。
- 了解发电工程中常用的设备、器件及其符号。

10.1　创建自定义样板文件

本节将着重讲解如何为具有相同图层、文字样式、标注样式和表格样式的建筑电气平面图创建通用的自定义样板文件。

10.1.1　设置图层

一共设置以下两个图层："外框线层"和"文字编辑层"，并将"外框线层"设置为当前图层，设置好的各图层属性如图 10-1 所示。

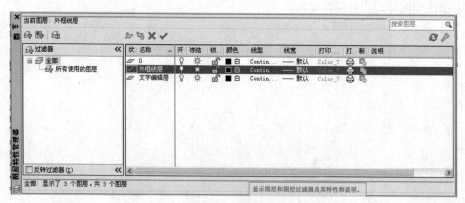

图 10-1　设置图层

10.1.2　设置文字样式

（1）选择菜单命令【格式】/【文字样式】，弹出【文字样式】对话框，如图 10-2 所示。

（2）创建名为"发电工程"的新文字样式，设置【字体名】为【宋体】，其余采用默认设置，并将该文字样式置为当前应用状态。

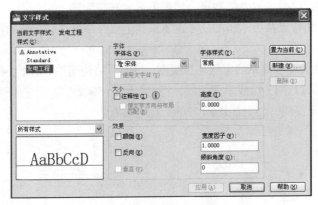

图 10-2　【文字样式】对话框

10.1.3　保存为自定义样本文件

（1）单击 ▲ 按钮，选择【另存为】命令，弹出【图形另存为】对话框，选择【文件类型】为"AutoCAD 图形样板（*.dwt）"，输入【文件名】为"发电工程电气图用样板"，如图 10-3 所示。

（2）单击 保存(S) 按钮，弹出【样板选项】对话框，选择【测量单位】为【公制】，在【新图层通知】分组框中选择【将所有图层另存为未协调】，如图 10-4 所示。

图 10-3　【图形另存为】对话框

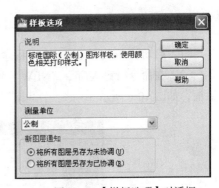

图 10-4　【样板选项】对话框

（3）单击 确定 按钮，关闭【样板选项】对话框，样板文件创建完毕。

10.2　实例 9——某大型水电站的电气主接线图的绘制

水电站以水能为能源，多建于山区峡谷中，一般远离负荷中心，附近用户少，甚至完全没有用户，因此其主接线有以下特点。

（1）不设发电机电压母线，除厂用电外，绝大部分电能用 1～2 种升高电压送入系统。

（2）由于山区峡谷中地形复杂，为缩小占地面积、减少土石方的开挖和回填量，主接线尽量采用简化的接线形式，以减少设备的数量，使配电装置布置紧凑。

（3）水电站生产的特点及所承担的任务也要求其主接线尽量采用简化的接线形式，以避免繁琐的倒闸操作。

图 10-5 所示为某大型水电站的电气主接线图，该电厂结构简单、清晰，有 6 台发电机，G1～G4 与分裂绕组变压器 T1、T2 接成单元接线，将电能送到 500kV 配电装置；G5、G6 与双绕组变压器 T3、T4 接成单元接线，将电能送到 220kV 配电装置。

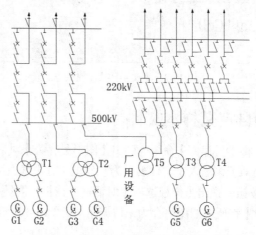

图 10-5　某大型水电站的电气主接线图

10.2.1　建立新文件

（1）启动 AutoCAD 2010 应用程序。

（2）在命令行键入命令"NEW"或单击快速访问工具栏上的 按钮，弹出【选择样板】对话框，如图 10-6 所示。

图 10-6　【选择样板】对话框

（3）从【名称】列表框中选择样板文件为"发电工程电气图用样板.dwt"，单击 打开(O) 按钮，进入 CAD 绘图区域。

要点提示

若不需要样板文件，在单击 按钮后弹出【选择样板】对话框，单击 打开(0) 按钮后面的 按钮，弹出下拉菜单，如图 10-7 所示，选择【无样板打开-公制】，系统自动进入无样板文件限定的 CAD 绘图环境，用户再自由设置图层等相关属性即可实现绘图操作。

（4）单击 按钮，选择【另存为】命令，弹出【图形另存为】对话框，如图 10-8 所示，设置文件【文件类型】为 "AutoCAD 2010 图形（*.dwg）"，输入【文件名】为 "发电厂电气主接线.dwg"，并设置保存路径。

图 10-7　下拉菜单

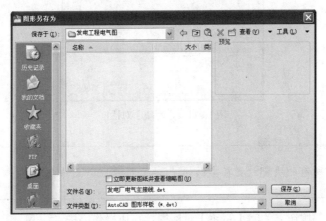

图 10-8　【图形另外为】对话框

10.2.2　绘制各元器件

1. 绘制块 "双绕组变压器"

（1）绘制 1 个半径为 2.5 的圆，再垂直向下复制，复制距离为 1，结果如图 10-9 所示，即为双绕组变压器。

（2）单击【常用】选项卡中【块】面板上的 按钮，打开【块定义】对话框，如图 10-10 所示，设定【拾取点】为双绕组变压器的最下侧象限点，选择对象为双绕组变压器，单击 确定 按钮，块创建完毕。

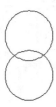

图 10-9　绘制块 "双绕组变压器"

图 10-10　【块定义】对话框

（3）在命令行中输入 "WBLOCK"，打开【写块】对话框，如图 10-11 所示，在【源】分组框中选择【块】选项，然后在其下拉列表中选择【双绕组变压器】，单击【目标】分组框中的▭按钮，设置【文件名和路径】为"C:\Documents and Settings\Administrator\桌面\CAD 符号块\双绕组变压器.dwg"。

图 10-11　【写块】对话框

　　　　　　本章所有的块都放置在桌面的"CAD 符号块"文件夹中。

（4）单击▭确定▭按钮，关闭【写块】对话框。写块操作完毕。

2.　绘制块"三绕组变压器"

（1）绘制一个正三角形，外切于圆，圆半径为 1，结果如图 10-12（a）所示。

（2）捕捉正三角形的 3 个顶点，分别绘制半径为 2.5 的圆，结果如图 10-12（b）所示。

（3）删除正三角形，结果如图 10-12（c）所示，即为三绕组变压器。

（4）以最左侧圆的下侧象限点为基点，创建名为"三绕组变压器"的块，然后将其保存在桌面的"CAD 符号块"文件夹中。

3.　绘制块"交流发电机"

（1）绘制一个半径为 2.5 的圆，结果如图 10-13（a）所示。

（2）设置文字高度为 2.5，填写多行文字"G"和"～"，结果如图 10-13（b）所示。

（3）以圆心为基点，创建名为"交流发电机"的块，然后将其保存。

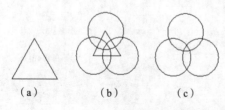

（a）　　　　（b）　　　　（c）

图 10-12　绘制三绕组变压器

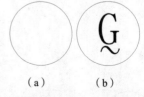

（a）　　　　（b）

图 10-13　绘制圆

10.2.3　绘制水电厂的电气主接线

1. 设定绘图区域

设置绘图区域大小为 150 × 150。

2．绘制该电气主接线图的左半部分

（1）单击【常用】选项卡中【块】面板上的 按钮，打开【插入】对话框，如图 10-14 所示。从【名称】下拉列表中选择块【三绕组变压器】，设定【插入点】为【在屏幕上指定】，其他为默认值，插入图块。

图 10-14　【插入】对话框

（2）捕捉三绕组变压器的 A 点，向上绘制长为 50 的垂直线段；再过 A 点分别向左绘制长为 6、向右绘制长为 25 的水平线段，结果如图 10-15（a）所示。

（3）向上偏移两水平线段，偏移量依次为 10、32，再向左偏移纵向线段，偏移量为 4，结果如图 10-15（b）所示。

（4）捕捉 B 点，垂直向下绘制长为 25 的线段，结果如图 10-15（c）所示。

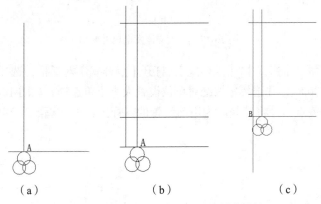

（a）　　　　　　　（b）　　　　　　　（c）

图 10-15　插入三绕组变压器并绘制线段等

（5）单击【常用】选项卡中【块】面板上的 按钮，打开【插入】对话框，单击 按钮，选择块"隔离开关"，设定其【插入点】为【在屏幕上指定】，设定【比例】为【在屏幕上指定】，设定【旋转】分组框中的【角度】为"270"，其他为默认，插入块"隔离开关"。

（6）分解块，将斜线角度由 30°改为 20°，插入到图 10-16（a）所示的适当位置。

（7）复制该块"隔离开关"到适当位置，结果如图 10-16（b）所示。

（8）单击【常用】选项卡中【块】面板上的 按钮，打开【插入】对话框，从【名称】下拉列表中选择块【交流发电机】，设定其【插入点】为【在屏幕上指定】，设定【比例】为【在屏幕上指定】，其他为默认值，结果如图 10-17（a）所示。

（9）修剪、删除多余线段，结果如图 10-17（b）所示。

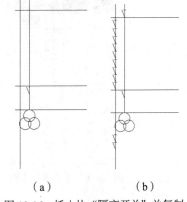

（a）　　　　　　　（b）

图 10-16　插入块"隔离开关"并复制

（10）分解各"隔离开关"块，并删除相应的水平短线段，结果如图 10-17（c）所示，以备修改为断路器。

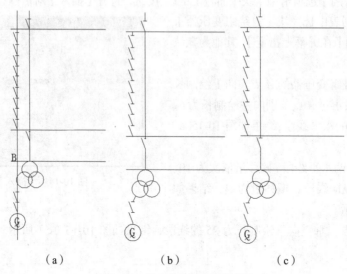

（a）　　　　　　　　（b）　　　　　　　　（c）

图 10-17　插入交流发电机并修剪

（11）选择菜单命令【格式】/【点样式】，打开【点样式】对话框，选择【点样式】为╳，设置【点大小】为"0.8"，并选择【按绝对单位设置大小】单选项，如图 10-18 所示。

（12）捕捉各相关点，并将其修改为当前设置的点样式，即将隔离开关改为断路器，结果如图 10-19 所示。

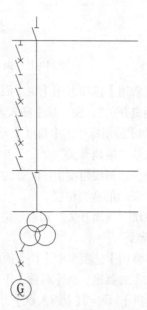

图 10-18　【点样式】对话框　　　　　　图 10-19　绘制点

要点提示　　　也可直接绘制断路器并将其保存为块，然后在指定位置插入。

（13）绘制其他连接线，结果如图 10-20（a）所示。

（14）修剪多余线段，结果如图 10-20（b）所示。

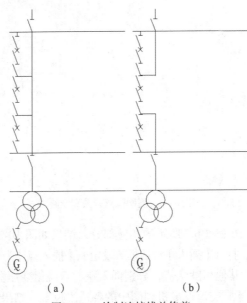

（a）　　　　　　　　　　（b）

图 10-20　绘制连接线并修剪

（15）水平向右复制图 10-20（b）所示的各相应部分，并绘制连接线，结果如图 10-21 所示。

3. 绘制总电气主接线图的右半部分

（1）在绘图区的适当位置绘制一条长为 40 的水平线段。

（2）以距水平线段左端点（7,30）处确定起点，垂直向下绘制长为 40 的线段，结果如图 10-22（a）所示。

（3）将水平线段垂直向上偏移，依次偏移量分别为 2 和 18；将纵向线段水平向右偏移，依次偏移量分别为 1.5、1.5、1.5、1.5，结果如图 10-22（b）所示。

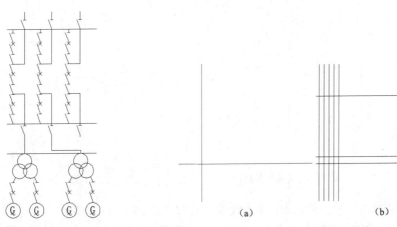

（a）　　　　　　　　　　　　（b）

图 10-21　复制图形并绘制连接线等　　　　　图 10-22　绘制线段并偏移

（4）复制图 10-21 所示的隔离开关和断路器到适当的位置，并绘制水平线段 *AB*、*CD*、*EF*，结果如图 10-23（a）所示。

（5）修剪并删掉多余线段，结果如图 10-23（b）所示。

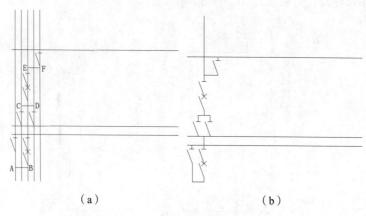

（a）　　　　　　　　　　　　　（b）

图 10-23　复制隔离开关和断路器

（6）水平向右复制图 10-23（b）所示的相应部分，结果如图 10-24 图所示。

（7）启动插入块命令，打开【插入】对话框，设定其【插入点】为【在屏幕上指定】，设定【比例】为【在屏幕上指定】，其他为默认值，分别插入块"双绕组变压器"和"交流发电机"。

（8）复制双绕组变压器、交流发电机到图中的各适当位置，结果如图 10-25 所示。

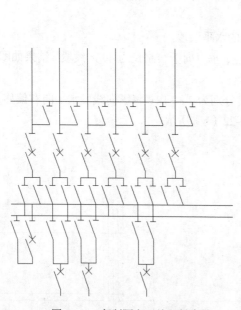

图 10-24　复制隔离开关和断路器

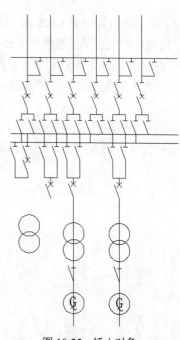

图 10-25　插入对象

（9）绘制连接线，并修剪、删除多余线段，结果如图 10-26（a）所示。

（10）单击【常用】选项卡中【块】面板上的 按钮，打开【插入】对话框，单击 浏览(B)... 按钮，选择块"节点"，设定其【插入点】为【在屏幕上指定】，设定【比例】为【在屏幕上指定】，其他为默认值，插入块"节点"，再将块"节点"复制到各相应位置，结果如图 10-26（b）所示。

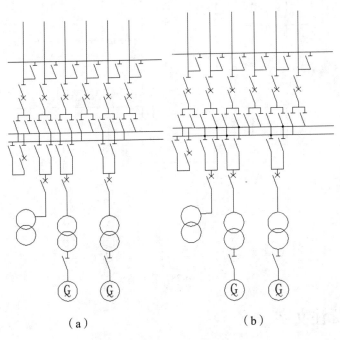

（a）　　　　　　　　　　（b）

图 10-26　修剪图形并插入块 "节点"

4. 组合图形

（1）将图 10-21 和图 10-26（b）移动至相应位置，然后绘制连接线，结果如图 10-27（a）所示。

（2）启动多段线命令，绘制起点宽度为 0.6、端点宽度为 0、长为 1 的箭头，结果如图 10-27（b）所示。

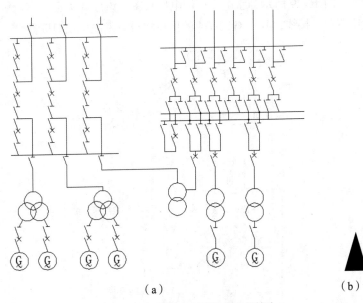

（a）　　　　　　　　　　　　（b）

图 10-27　连接左右两部分并绘制箭头

（3）捕捉箭头的下边中点，将其复制到各顶点的位置，结果如图 10-28 所示。

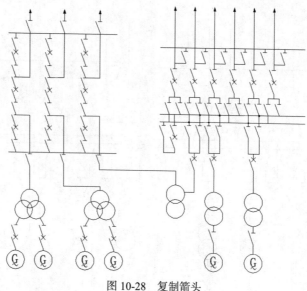

图 10-28　复制箭头

10.2.4　标注文字

在大型水电站的电气主接线图中填写文字，结果如图 10-5 所示。

10.3　实例 10——水电厂厂用电接线图的绘制

与同容量的火电厂相比，水电厂的水力辅助机械不仅数量少，而且容量也小，因此，其厂用电系统要简单的多。图 10-29 所示为水电厂厂用电接线图，该厂有 4 台大容量机组，均采用发电机——双绕组变压器单元接线，其中 G1、G4 的出口均设有发电机出口断路器。

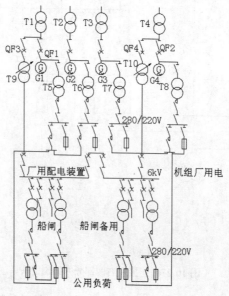

图 10-29　水电厂厂用电接线图

10.3.1　建立新文件

（1）启动 AutoCAD 2010 应用程序。

（2）在命令行键入命令"NEW"或单击快速访问工具栏上的 按钮，在弹出的【选择样板】对话框中选择样板文件为"发电工程电气图用样板.dwt"，单击 打开(O) 按钮，进入 CAD 绘图区。

（3）单击 按钮，选择【另存为】命令，弹出【图形另存为】对话框，输入【文件名】为"水电厂厂用电接线图.dwg"，并设置文件保存路径。

10.3.2　绘制各元器件

绘制熔断器的操作步骤如下。

（1）绘制一个 1.5×3.5 的矩形，如图 10-30（a）所示。

（2）以距矩形顶边中点（0,0.85）处为起点，向下绘制一条长为 5.35 的垂直线段，结果如图 10-30（b）所示，即为熔断器。

（3）单击【常用】选项卡中【块】面板上的 按钮，以熔断器最下侧端点为基点，创建名为"熔断器"的块，并将其保存。

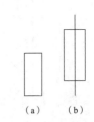

（a）　　（b）

图 10-30　绘制块"熔断器"

10.3.3　绘制水电厂的厂用电接线

观察图形可知，从左侧入手，先绘制左上侧部分，再绘制左下侧部分的方法比较合适，其余都可以利用复制完成。

（1）设定绘图区域大小为 150×150。

（2）绘制一条长为 7 的水平线段，然后捕捉其中点，向上绘制长为 45、向下绘制长为 10 的垂直线段，结果如图 10-31（a）所示。

（3）将长为 45 的线段依次向左偏移，偏移量分别为 6.5、6；将长为 10 的线段水平向左、向右各偏移 2.5，结果如图 10-31（b）所示。

（4）插入块"接触器"。在打开的【插入】对话框中单击 浏览(B)... 按钮，选择块"接触器"，设定其【插入点】为【在屏幕上指定】，设定【比例】为【在屏幕上指定】，设定【旋转】分组框中的【角度】为"90"，其他为默认值。

（5）分解块，并将该块插入到图 10-31（b）中的适当位置，结果如图 10-32（a）所示。修改接触器上半圆的半径为 0.6，斜线角度由 30°修改为 20°，结果如图 10-32（b）所示。

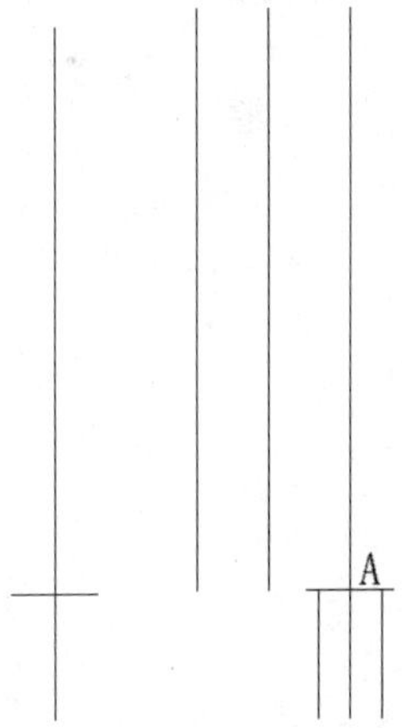

（6）插入块"隔离开关"。在打开的【插入】对话框中单击 浏览(B)... 按钮，选择块"隔离开|关"，设定其【插入点】为【在屏幕上指定】，设定【比例】为【在屏幕上指定】，设定【旋转】分组框中的【角度】为"270"，其他为默认值。

（7）以同样的方法插入块"双绕组变压器"、"交流发电机"和"熔断器"，其中块"熔断器"旋转 90°，然后将各块复制到适当位置，结果如图 10-33（a）所示。

（8）捕捉左侧变压器上侧圆的圆心为中点，绘制一条长为 7 且与水平夹角成 35°的斜线段，

（a）　　　　（b）

图 10-31　绘制主接线

然后捕捉其右上角端点为起点，沿斜线方向绘制起点宽度为 0.5、终点宽度为 0、长为 1 的箭头，结果如图 10-33（b）所示，即为坝区变压器。

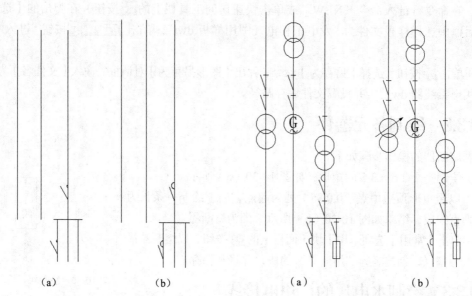

图 10-32　插入块"接触器"并修改尺寸　　　　图 10-33　插入各块并修改变压器为坝区变压器

（9）对照水电厂厂用电接线图绘制剩余连接线，结果如图 10-34（a）所示。

（10）修剪并删除多余线段，结果如图 10-34（b）所示。

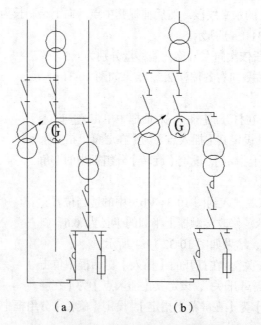

图 10-34　绘制连接线并修剪

（11）删除 AB 两点处的水平线段，结果如图 10-35（a）所示。

（12）选择菜单命令【格式】/【点样式】，在打开的【点样式】对话框中选择点样式为×，设置【点大小】为 "0.8"，选择【按绝对单位设置大小】单选项，然后单击 ▭确定▭ 按钮。

（13）单击【常用】选项卡中【绘图】面板上的 · 按钮，捕捉 A、B 两点，结果如图 10-35（b）所示，即把隔离开关改为了断路器。

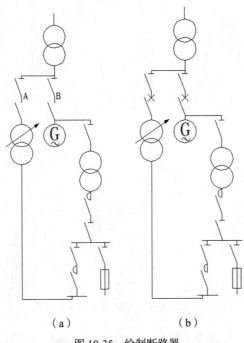

（a）　　　　　　　　　　（b）

图 10-35　绘制断路器

（14）复制图 10-35（b）所示的相应部分到适当位置，结果如图 10-36 所示。

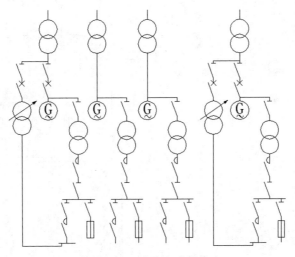

图 10-36　复制相应部分

（15）捕捉左侧端点 B 为起点，垂直向下绘制长为 45 的线段，然后先将其向左偏移 3.5，再依次向右偏移 1.4、1.4、1.4、2，结果如图 10-37（a）所示。

（16）复制图 10-37（a）中的相应元器件到适当位置，结果如图 10-37（b）所示。

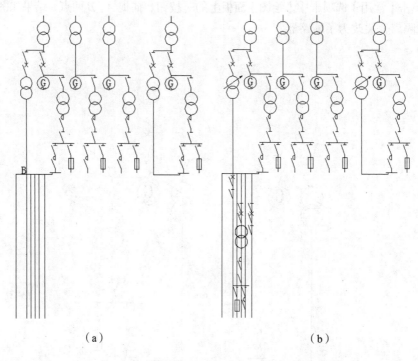

（a）　　　　　　　　　　　　　　　（b）

图 10-37　绘制主接线并复制各元器件

（17）绘制其余连接线，结果如图 10-38（a）所示。修剪多余线段，结果如图 10-38（b）所示。

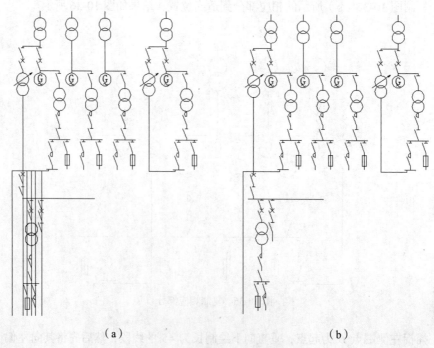

（a）　　　　　　　　　　　　　　　（b）

图 10-38　绘制其余连接线并修剪

（18）水平向右复制图 10-38（b）中左下角的相应部分，结果如图 10-39（a）所示。

（19）水平向右复制图 10-39（a）中左下角的相应部分，结果如图 10-39（b）所示。

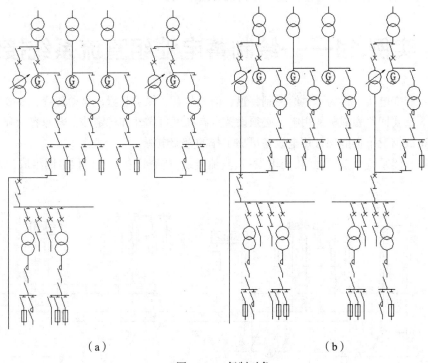

（a）　　　　　　　　　　　　　　　　　（b）

图 10-39　复制对象

（20）复制两个断路器和隔离开关到适当位置，并绘制其余各连接线，结果如图 10-40 所示。

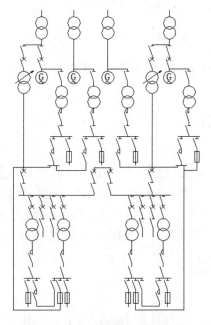

图 10-40　复制图形并绘制连接线

10.3.4 标注文字

在图 10-40 的适当位置填写多行文字，结果如图 10-29 所示。

10.4 实例 11——绘制蓄电池组直流系统接线图

在发电厂和变电所中，为了供给控制装置、信号装置、保护装置、自动装置、事故照明交流不停电电源等重要回路和辅机的用电，必须设置具有高度可靠性和稳定性、电源容量和电压质量在最严重的事故情况下仍能保证用电设备可靠工作的直流电源。

蓄电池组直流系统由蓄电池组、充电设备、直流母线、检查设备和直流供电网组成，如图 10-41 所示。

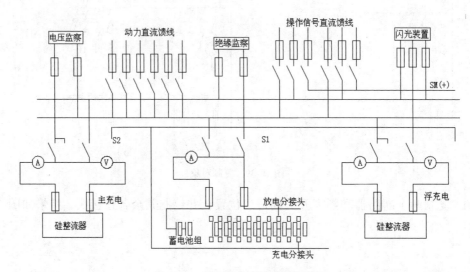

图 10-41 蓄电池组直流系统接线图

为了简化接线，提高直流系统运行的可靠性，蓄电池组均不设端电池。蓄电池的容量范围为 200～300Ah。

10.4.1 建立新文件

（1）启动 AutoCAD 2010 应用程序。

（2）在命令行键入命令 "NEW" 或单击快速访问工具栏上的 ▢ 按钮，在弹出的【选择样板】对话框中选择样板文件为 "发电工程电气图用样板.dwt"，单击 打开(O) ▾ 按钮，进入 CAD 绘图区域。

（3）单击 ▲ 按钮，选择【另存为】命令，弹出【图形另存为】对话框，输入【文件名】为 "蓄电池组直流系统接线图.dwg"，并设置文件保存路径。

10.4.2 绘制各元器件

绘制蓄电池组。

（1）绘制 1×3.5 的矩形，然后将其分解，再水平向左偏移矩形左边，偏移距离为 0.5，结果如图 10-42（a）所示。

（2）水平向右复制图 10-42（a），复制距离为 2，结果如图 10-42（b）所示。

（3）绘制左侧矩形右边中点与右侧纵向线段中点之间的连接线，结果如图 10-42（c）所示，即为蓄电池组。

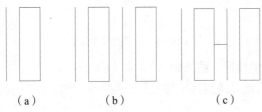

（a）　　　　　　　　（b）　　　　　　　　（c）

图 10-42　绘制蓄电池组

10.4.3　绘制蓄电池组直流系统接线

（1）设置绘图区域为 200×100。

（2）绘制一条长为 180 的水平线段。

（3）以距水平线段左端点（7.5,23）处为起点，向下绘制长为 70 的竖直线段，结果如图 10-43（a）所示。

（4）将水平线段向下偏移 7.5，将垂直线段依次向右偏移 10、5、10，结果如图 10-43（b）所示。

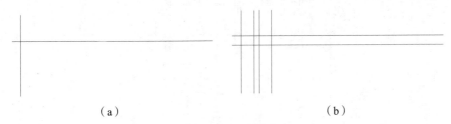

（a）　　　　　　　　　　　　　　　　（b）

图 10-43　绘制线段并偏移

（5）单击【常用】选项卡中【块】面板上的 按钮，在打开【插入】对话框中单击 浏览(B)... 按钮，选择符号块"常用开关"，设定其【插入点】为【在屏幕上指定】，设定【比例】为【在屏幕上指定】，设定【旋转】分组框中的【角度】为"90"，其他为默认值。

（6）用同样方法插入块"熔断器"，复制块到适当位置，结果如图 10-44 所示。

图 10-44　插入块"熔断器"并复制

（7）绘制线段，其中线段 AB 长为 15、BC 长为 9、CD 长为 22.5，然后过 BC 线段上的一点为圆心绘制半径为 2.5 的圆，结果如图 10-45（a）所示。

（8）以过 D 点的纵向直线为镜像线，镜像图形，结果如图 10-45（b）所示。

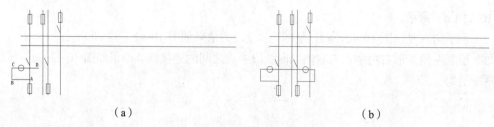

（a）　　　　　　　　　　　　　（b）

图 10-45　绘制图形并镜像

（9）修剪并删除多余的线段，结果如图 10-46（a）所示。

（10）对照蓄电池组直流系统接线图补充剩余连接线，结果如图 10-46（b）所示。

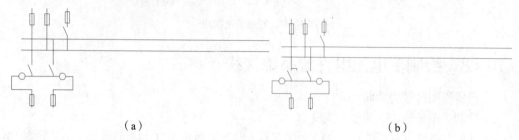

（a）　　　　　　　　　　　　　（b）

图 10-46　修剪图形并绘制连接线

（11）复制蓄电池组及图 10-46（b）所示的相应元器件和连接线到指定位置，结果如图 10-47 所示。

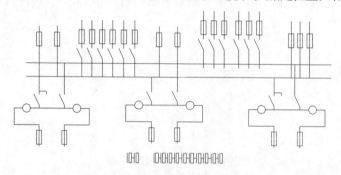

图 10-47　复制各元器件及连接线

（12）绘制剩余连接线，结果如图 10-48 所示。

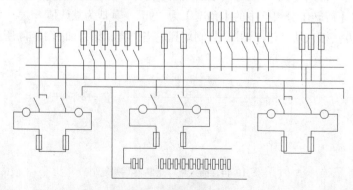

图 10-48　绘制剩余连接线

（13）绘制 15×5 的矩形，然后捕捉矩形底边的中点为基点，将其复制到各相应线段的中点 A、B、C 处，结果如图 10-49 所示。

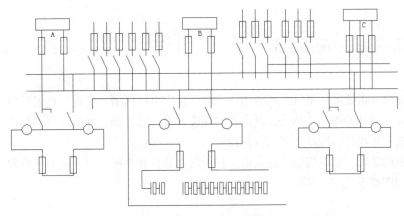

图 10-49　绘制矩形并复制

（14）绘制 26×10 和 1.5×2 的矩形，并将它们复制到各指定位置，结果如图 10-50 所示。

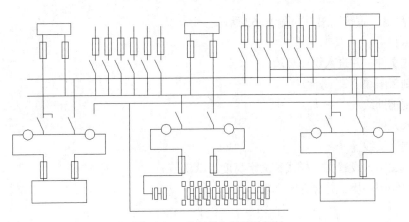

图 10-50　绘制其余矩形并复制

（15）对照蓄电池组直流系统接线图，修剪并延伸相应线段，结果如图 10-51 所示。

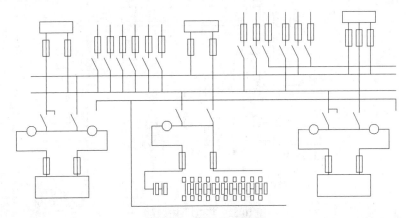

图 10-51　修改后的图形

10.4.4　标注文字

在图 10-51 的相应位置填写多行文字，结果如图 10-41 所示。

小　　结

　　本章在综合分析发电厂电气主接线图、发电厂厂用电接线图及发电厂直流系统图的基础上，首先绘制相应元器件的图块，再综合利用之前相应章节中已经创建好的元器件图块，通过块的插入、缩放及复制等操作，完成各图的详细绘制。

　　通过本章的学习，读者应该掌握发电工程中常用器件和主接线图的绘制思路和方法，为发电工程的相关制图打下坚实的基础。

习　　题

　　1. 绘制热电厂主接线图，如图 10-52 所示。

操作提示：

（1）新建文件，并进入绘图环境。

（2）绘制新图块。

（3）绘制辅助线。

（4）插入元件。

（5）绘制连接线。

（6）填写文字，设置文字样式，文字高度为默认值。

（7）退出绘图环境，并保存文件。

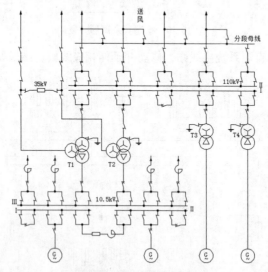

图 10-52　热电厂主接线图

　　2. 绘制变电工程设计图，如图 10-53 所示。

操作提示：

（1）新建文件，并进入绘图环境。

（2）绘制新图块。

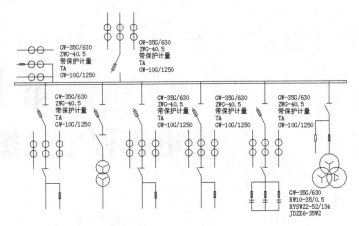

图 10-53　变电工程设计图

（3）绘制辅助线。

（4）插入元件。

（5）绘制连接线。

（6）编辑文字，设置文字样式，文字高度为 3.5。

（7）退出绘图环境，并保存文件。

3．绘制某工厂变电站的主接线图，如图 10-54 所示。

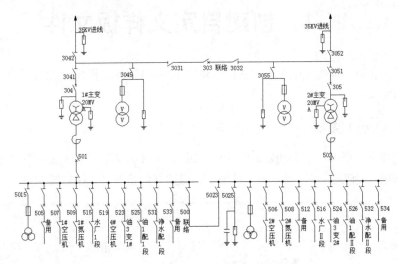

图 10-54　某工厂变电站的主接线图

操作提示：

（1）新建文件，并进入绘图环境。

（2）绘制新图块。

（3）绘制辅助线。

（4）插入元件。

（5）绘制连接线。

（6）编辑文字，设置文字样式，文字高度为 8。

（7）退出绘图环境，并保存文件。

第**11**章
变电工程电气图设计

【学习目标】

- 掌握变（配）电所系统主接线图的绘制。
- 掌握变（配）电所平面图的绘制。

本章将以变电站的电气主接线图和平面图为例，详细讲解 AutoCAD 在变电工程电气图绘制中的应用。

11.1 创建自定义样板文件

本节将着重讲解如何为变电工程电气图创建通用的且具有相同图层、文字样式、标注样式和表格样式的自定义样板文件。

11.1.1 设置图层

一共设置以下 6 个图层："Defpoints"、"标注层"、"粗实线层"、"细实线层"、"虚线层"和"文字编辑层"，并将"细实线层"设置为默认图层，设置好的各图层属性如图 11-1 所示。

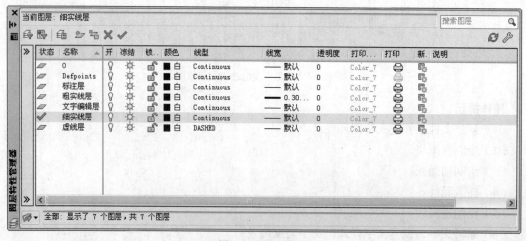

图 11-1 设置图层

11.1.2　设置文字样式

（1）选择菜单命令【格式】/【文字样式】，弹出【文字样式】对话框，如图 11-2 所示。

（2）创建名为"变电工程电气图文字样式"的新文字样式，设置【字体名】为【宋体】，其余采用默认设置，并将该文字样式置为当前文字样式。

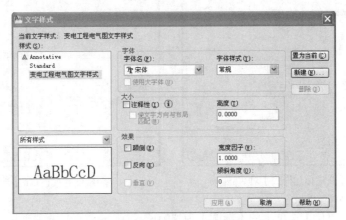

图 11-2　【文字样式】对话框

11.1.3　设置标注样式

（1）单击【常用】选项卡中【注释】面板上的 按钮，弹出【标注样式管理器】对话框，如图 11-3 所示。

（2）单击 新建(N)... 按钮，弹出【创建新标注样式】对话框，在【新样式名】文本框中输入"变电工程电气图用标注样式"，在【基础样式】下拉列表中选择【ISO-25】，在【用于】下拉列表中选择【所有标注】，如图 11-4 所示。

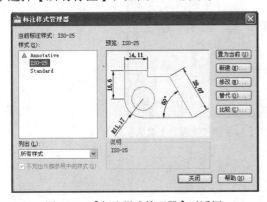

图 11-3　【标注样式管理器】对话框

图 11-4　【创建新标注样式】对话框

（3）单击 继续 按钮，打开【新建标注样式】对话框，进入【符号和箭头】选项卡，设置【箭头】分组框中的各箭头样式为【实心闭合】，设置【箭头大小】为"5"，其他采用默认设置，如图 11-5 所示。

（4）进入【文字】选项卡，在【文字样式】下拉列表中选择【变电工程电气图用文字样式】，其他采用默认设置，如图 11-6 所示。

图 11-5 【新建标注样式】对话框

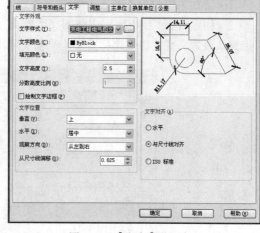

图 11-6 【文字】选项卡

（5）设置【主单位】选项卡的【精度】为"0.0"。

（6）单击 确定 按钮，返回【标注样式管理器】对话框，如图 11-7 所示。单击 置为当前(U) 按钮，将新建的"变电工程电气图用标注样式"设置为当前使用的标注样式。单击 关闭 按钮，关闭【标注样式管理器】对话框，完成标注样式创建。

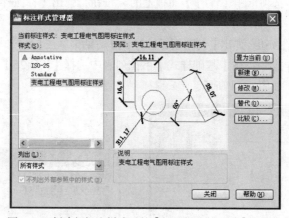

图 11-7 创建新标注样式后的【标注样式管理器】对话框

11.1.4 保存为自定义样本文件

（1）单击 按钮，选择【另存为】命令，弹出【图形另存为】对话框，如图 11-8 所示。设置【文件类型】为"AutoCAD 图形样板（*.dwt）"，输入【文件名】为"变电工程电气图用样板"。

（2）单击 保存(S) 按钮，弹出【样板选项】对话框，如图 11-9 所示。选择【测量单位】为"公制"，在【新图层通知】分组框中选择【将所有图层另存为未协调】单选项。

图 11-8　【图形另存为】对话框

图 11-9　【样板选项】对话框

（3）单击 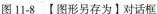 按钮，关闭【样板选项】对话框，样板文件创建完毕。

11.2　实例 12——变电站电气主接线图绘制

变电站的电气主接线图是由母线、变压器、断路器、隔离开关、互感器等设备的图形符号和连接导线所组成的表示电能生产流程的电路图。主接线的连接方式对供电的可靠性、运行灵活性、维护检修的方便及其经济性等起着决定性的作用，图 11-10 所示为 35kV 变电站电气主接线图。

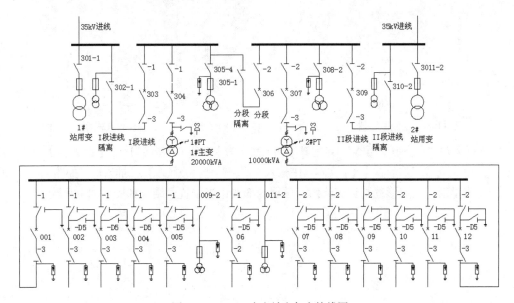

图 11-10　35kV 变电站电气主接线图

11.2.1　建立新文件

（1）启动 AutoCAD 2010 应用程序。

（2）在命令行键入命令"NEW"或单击快速访问工具栏上的 按钮，在弹出【选择样板】对话框中选择样板文件为"输配电系统图用样板.dwt"。

（3）单击 按钮，选择【另存为】命令，在弹出的【图形另存为】对话框中设置【文件类型】

为 "AutoCAD 2010 图形（*.dwg）"，输入【文件名】为 "35kV 变电站电气主接线图.dwg"，并设置文件保存路径。

11.2.2　绘制图形符号

1. 绘制断路器

（1）插入块 "常用开关"，设定其【插入点】为【在屏幕上指定】，设定【旋转】分组框中的【角度】为 "90"，其他为系统默认，插入块，如图 11-11（a）所示。。

（2）选择菜单命令【格式】/【点样式】，打开【点样式】对话框，选择点样式为×，设置【点大小】为 "1.35"，并选择【按绝对单位设置大小】单选项，然后单击【常用】选项卡中【绘图】面板上的·按钮，在 A 点处绘制点，结果如图 11-11（b）所示，即为断路器。

（3）单击【常用】选项卡中【块】面板上的 按钮，以最下侧竖线的下端点为基点，创建名为 "断路器" 的块，并将其保存。

2. 绘制具有有载分接开关的星三角三相变压器

（1）绘制星形。绘制 3 段长为 2.5，与水平线夹角依次为 30°、150°、270°的斜线，结果如图 11-12 所示。

（2）以内接圆方式绘制三角形，内接圆半径为 2.5，结果如图 11-13 所示。

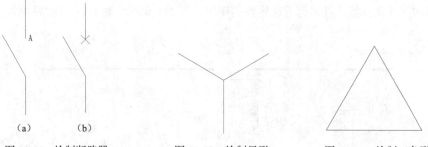

图 11-11　绘制断路器　　　图 11-12　绘制星形　　　图 11-13　绘制三角形

（3）插入块 "双绕组变压器"，设定其【插入点】为【在屏幕上指定】，在【比例】分组框中选择【统一比例】复选项，然后在【X】文本框中输入 "2"，其他为系统默认，插入块，如图 11-14 所示。

（4）将星形、三角形复制到双绕组变压器内部的适当位置，结果如图 11-15 所示。

图 11-14　插入块 "双绕组变压器"　　　图 11-15　复制星形及三角形

（5）绘制长度为 21.5 且与水平夹角为 20°的斜线，再以该斜线的上端点为起点，沿该斜线反方向绘制起点宽度为 0、终点宽度为 1.2 且长度为 3.5 的箭头，结果如图 11-16（a）所示。

（6）在箭头右侧的适当位置绘制折线，其中线段 AB 长为 1.5、BC 长为 3、CD 长为 1.5，结果如图 11-16（b）所示。

（7）捕捉双绕组变压器的最上端象限点，垂直向上绘制长为 8 的线段，然后在适当位置绘制

3 段平行斜线，并将其镜像，结果如图 11-16（c）所示。

（8）以星三角三相变压器的最下侧象限点为基点，创建名为"星三角三相变压器"的块。

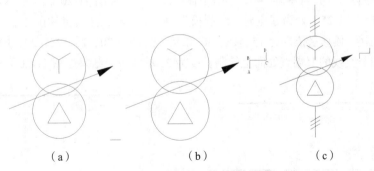

（a）　　　　　　　（b）　　　　　　　（c）

图 11-16　绘制星三角三相变压器

3. 绘制阀型避雷器

（1）绘制多段线。第一段长为 3.5；第二段起点宽度为 1.5、终点宽度为 0、长度为 3，结果如图 11-17（a）所示。

（2）绘制 3×8 的矩形，然后以矩形的下侧边中点为起点，向下绘制长度为 3 的垂线，并将箭头移至合适位置，结果如图 11-17（b）所示

（3）以垂直线段的最下端为基点，创建名为"阀型避雷器"的块。

4. 绘制地线符号

（1）以边的方式绘制边长为 2.5 的正三角形，然后将其分解，结果如图 11-18（a）所示。

（2）将三角形上边线依次向下偏移 0.7、0.7，结果如图 11-18（b）所示。

（3）捕捉最上边水平线段的中点，向上绘制长为 2 的垂直线段，结果如图 11-19（a）所示。

（4）修剪并删除多余线段，结果如图 11-19（b）所示。

（5）以垂线的上端点为基点，创建名为"接地符号"的块。

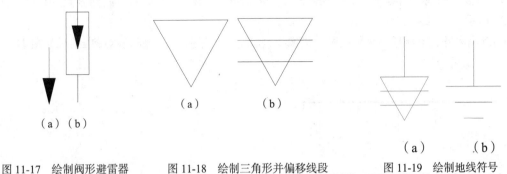

（a）（b）　　　　　　（a）　　　　　（b）　　　　　　　　　（a）　　　　（b）

图 11-17　绘制阀形避雷器　　　图 11-18　绘制三角形并偏移线段　　　图 11-19　绘制地线符号

11.2.3　电气主接线图

1. 设定绘图区域设定绘图区域

大小为 600×400。

2．绘制高压线路部分

（1）用多段线绘制长度为 324、宽度为 1.5 的水平母线，然后将其向下偏移 120，将偏移后的多段线分别水平向左、向右各拉伸 40，形成下侧母线，结果如图 11-20（a）所示。

（2）以距 A 点（7,25）处为起点向下绘制长为 100 的线段，然后将其在 A 点处打断，将打断后的长线向右偏移，偏移量依次为 15、15、30、25、25、10、30、15、25、20、10、30、20、15、25，并在最右侧竖直线的上端点处向上绘制长度为 25 的线段，结果如图 11-20（b）所示。

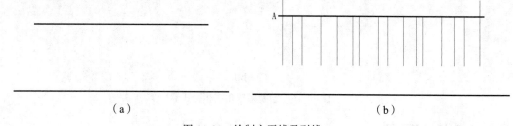

（a）　　　　　　　　　　　　　　　　（b）

图 11-20　绘制主干线及引线

（3）插入块"隔离开关"，设定其【插入点】为【在屏幕上指定】，设定【比例】为【在屏幕上指定】，设定【旋转】分组框中的【角度】为"270"，其他为默认值，插入块到图中的适当位置，结果如图 11-21（a）所示。

（4）插入块"熔断器"、"双绕组变压器"到图中适当位置，结果如图 11-21（b）所示。

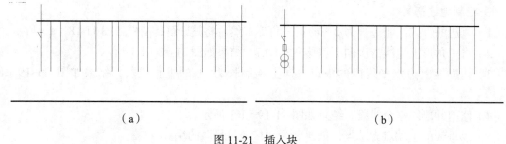

（a）　　　　　　　　　　　　　　　　（b）

图 11-21　插入块

（5）将插入的块"隔离开关"、"熔断器"、"双绕组变压器"水平向右复制到 B 点处，结果如图 11-22 所示。

（6）以隔离开关上侧任一水平线段为镜像线，将隔离开关镜像，并删除源对象，结果如图 11-23 所示。

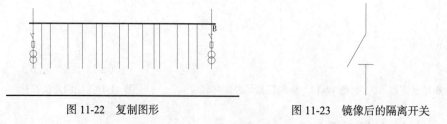

图 11-22　复制图形　　　　　　　　　　图 11-23　镜像后的隔离开关

（7）插入块"断路器"，并将"隔离开关"、"断路器"复制到图中的相应位置，结果如图 11-24 所示。

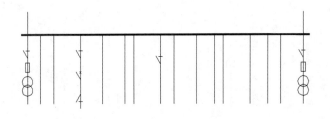

图 11-24　插入并复制元件

（8）将 O 点所在竖线上的各器件水平向右复制到点 C、D、E、F 点处，并将 D 点最下面的块"隔离开关"删除，结果如图 11-25 所示。

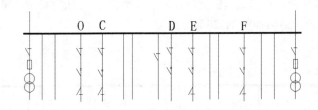

图 11-25　复制并删除元件

（9）插入块"熔断器"，设定其【插入点】为【在屏幕上指定】，设定【比例】为【在屏幕上指定】，设定【旋转】分组框中的【角度】为"90"，其他为默认值，将该块缩放到适当比例后插入到图中的相应位置。

（10）插入块"双绕组变压器"，设定【比例】为【在屏幕指定】，其他为默认，将其缩放到适当大小后插入图中的适当位置，然后将块"隔离开关"、"熔断器"复制到图中的相应位置，结果如图 11-26 所示。

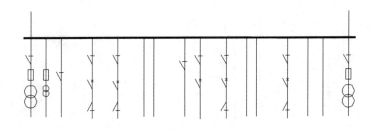

图 11-26　插入并复制元件

（11）将 G 点所在竖线及其左侧竖线上的各器件水平向右复制到 H 点处，结果如图 11-27 所示。

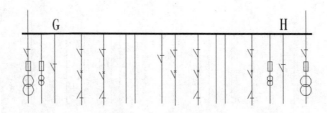

图 11-27　复制元件

（12）插入块"阀型避雷器"，设定其【插入点】为【在屏幕上指定】，设定【比例】为【在屏幕上指定】，其他为默认值，将该块缩放到适当比例后插入到图中的相应位置。

（13）以相同的方法插入块"三绕组变压器"、"接地符号"，然后将块"隔离开关"、"熔断器"复制到图中的适当位置，结果如图 11-28 所示。

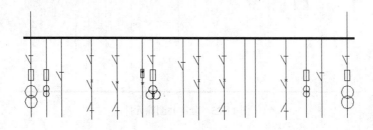

图 11-28　插入图形并复制元件

（14）将 I 点所在竖线及其左侧竖线上的各器件水平向右复制到 J 点处，结果如图 11-29 所示。

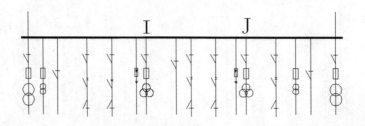

图 11-29　复制元件

（15）复制一个块"隔离开关"并旋转 90°，再复制旋转后的块"隔断开关"、块"星三角三相变压器"及"接地符号"到图中的适当位置，结果如图 11-30 所示。

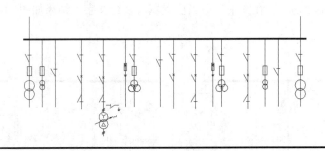

图 11-30　复制元件

（16）将步骤（15）绘制的部分以 *K* 点为基点，复制到 *L* 点处，结果如图 11-31 所示。

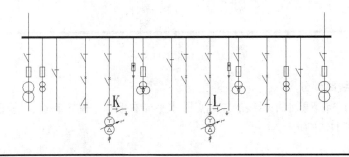

图 11-31　复制图形

（17）连接相应导线，结果如图 11-32 所示。

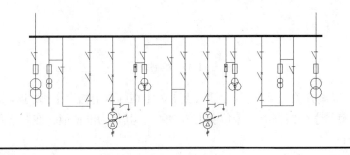

图 11-32　连接导线

（18）修剪并删除多余线段，结果如图 11-33 所示。

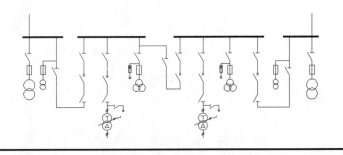

图 11-33　修剪并删除多余线段

（19）设置文字高度为 5，在图中的适当位置填写多行文字，结果如图 11-34 所示。

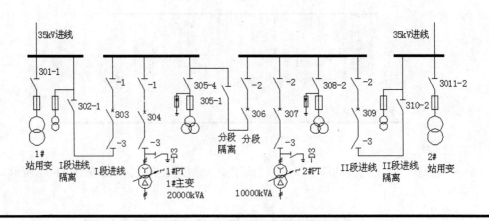

图 11-34　填写文字

3. 绘制低压线路部分

（1）捕捉图 11-34 下侧水平母线的左端点并水平向右偏移 7 确定起点，垂直向下绘制长为 95 的线段，结果如图 11-35 所示。

图 11-35　绘制垂线

（2）插入块"隔离开关"，设定其【插入点】为【在屏幕上指定】，设定【比例】为【在屏幕上指定】，设定【旋转】分组框中的【角度】为"90"，其他为默认值，在图幅空白区域插入块，如图 11-36（a）所示。

（3）以块"隔离开关"下侧任一水平线段为镜像线，对其进行镜像，结果如图 11-36（b）所示；将"隔离开关"旋转 90°，结果如图 11-36（c）所示。

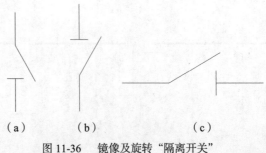

（a）　　　　　（b）　　　　　（c）

图 11-36　镜像及旋转"隔离开关"

（4）将块"隔离开关"、"断路器"、"阀型避雷器"、"接地符号"复制到图 11-35 所示垂线的适当位置，并连接导线，然后修剪、删除多余线段，结果如图 11-37 所示。

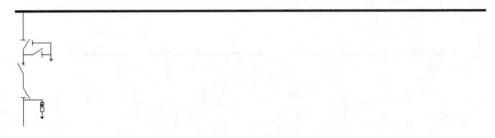

图 11-37　复制元件及绘制导线等

（5）阵列垂线上的所有图形为 1 行 14 列，阵列总间距为 390，结果如图 11-38 所示。

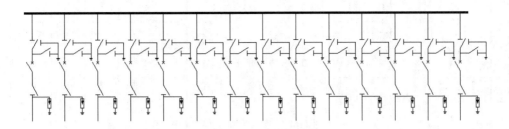

图 11-38　阵列图形

（6）删除 M 点处垂线上的水平块"隔离开关"，删除 N 点、O 点处垂线上的块"断路器"及下侧和右侧的块"隔离开关"部分，再将块"阀型避雷器"及"接地符号"部分垂直向上移动适当距离，结果如图 11-39 所示。

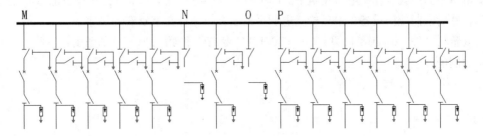

图 11-39　删除元件等

（7）复制块"熔断器"和"三相绕组变压器"到 N 点、O 点处垂线的适当位置，然后在 O 点水平向右偏移 7 处与在 P 点水平向左偏移 7 处打断线段，结果如图 11-40 所示。

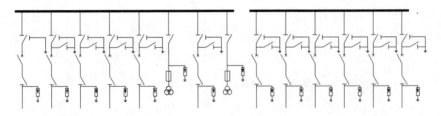

图 11-40　复制图形并打断线段

（8）在图 11-34 和图 11-40 图之间绘制连接导线。设置文字高度为 5，在图 11-40 图中的适当位置填写多行文字，结果如图 11-41 所示。

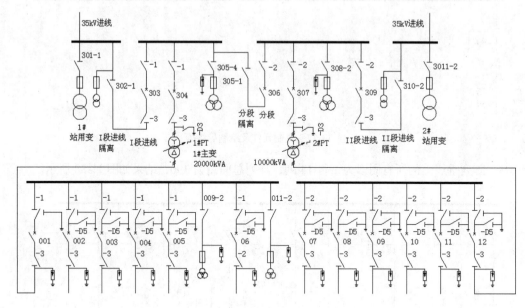

图 11-41　连线并填写文字

11.3　实例 13——变电站电气平面图绘制

变电所平面图就是在变电所建筑平面图中绘制各种电气设备和电气控制设备。本例先绘制控制设备，然后绘制变压设备，最后给变电所平面图标上注释文字及安装尺寸。

打开素材文件"dwg\第 11 章\11-3　35kV10kV 变电所平面图.dwg"，如图 11-42 所示，在此图基础上绘制电气图。

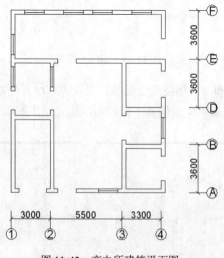

图 11-42　变电所建筑平面图

为与以下绘制的图形区别,素材文件中提供的基础图形在 0 层,并单独设置成红色,不随图层变化。

11.3.1　绘制控制设备

在电气平面图中,控制设备主要是安装控制仪表、开关的控制台、控制箱、包含信号线和导线的管道。绘制步骤如下。

1. 绘制电容柜

(1)捕捉变电所室内 A 点并垂直向下偏移 3 确定起点,绘制 112 × 12 的矩形,并将其分解,结果如图 11-43(a)所示。

(2)将矩形左侧边向右阵列 10 列,列距总距离为 100.8,结果如图 11-43(b)所示。

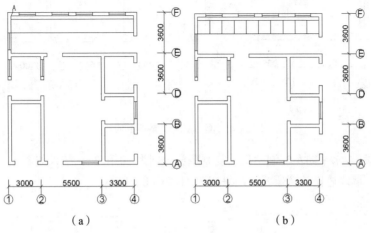

图 11-43　绘制矩形并阵列

2. 绘制含电线的跨越墙线的管道

(1)捕捉 B 点并水平向右偏移 1.5 为起点,向下绘制长度为 27 的线段,然后将其向右复制 6,结果如图 11-44(a)所示。

(2)以 C 点向左偏移 7.5 为起点,绘制 15 × 9.5 的矩形,结果如图 11-44(b)所示。

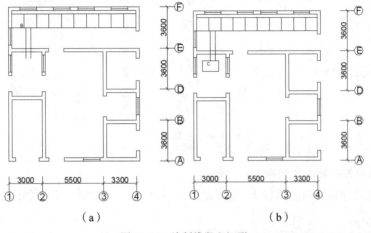

图 11-44　绘制线段和矩形

（3）捕捉 D 点并水平向右偏移 2.5 为起点，绘制 10×6 的矩形，结果如图 11-45（a）所示。

（4）分解步骤（3）所绘矩形，并将该矩形底边垂直向上阵列 3 行 1 列，阵列总间距为 4，结果如图 11-45（b）所示。

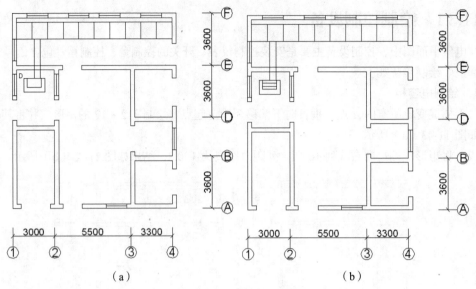

（a）　　　　　　　　　　　　　　　（b）

图 11-45　绘制矩形并阵列其底边

（5）把线段 $L1$ 水平向左复制两份，复制距离分别为 10 和 25，结果如图 11-46（a）所示。

（6）修剪掉墙线遮掩的管道线，结果如图 11-46（b）所示。

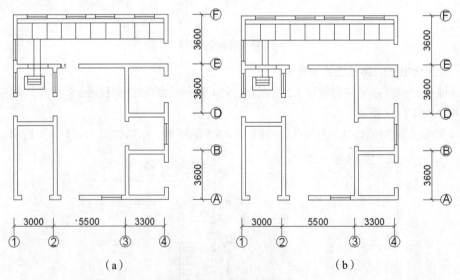

（a）　　　　　　　　　　　　　　　（b）

图 11-46　复制线段并修剪

3. 绘制转换站右侧的通向控制台的管道

（1）捕捉 E 点并垂直向上偏移 2.5 确定起点，绘制 40×5 的矩形，并将其分解，结果如图 11-47（a）所示。

（2）水平向左复制矩形右侧边，复制距离为 10，结果如图 11-47（b）所示。

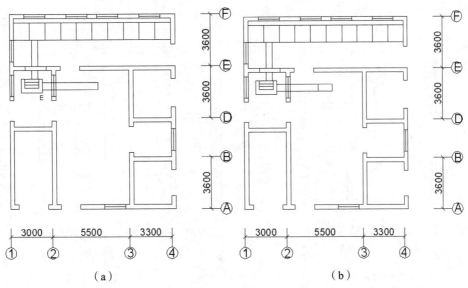

图 11-47　绘制矩形并偏移右侧边

4. 绘制控制台

（1）捕捉 F 点为端点绘制 10×5 的矩形，结果如图 11-48（a）所示。

（2）捕捉步骤（1）绘制矩形的左下角顶点为基点，将该矩形顺时针向下旋转 $45°$，结果如图 11-48（b）所示。

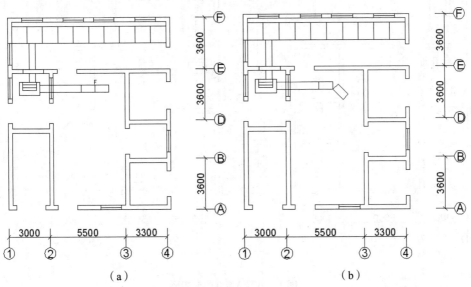

图 11-48　绘制矩形并旋转

（3）捕捉 G 点为起点绘制 5×55.4 的矩形，并将其分解，结果如图 11-49（a）所示。

（4）将步骤（3）所绘矩形的底边向上偏移 5 次，偏移量基于底边分别为 10、20、25.4、35.4、45.4，结果如图 11-49（b）所示。

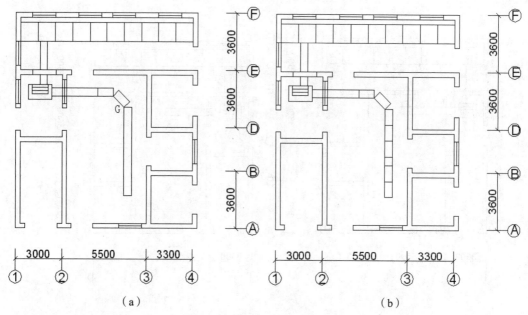

图 11-49　绘制矩形并偏移底边

（5）以步骤（3）所绘矩形左侧边的水平中线为镜像线，镜像步骤（1）所绘并旋转后的矩形，并保留源对象，结果如图 11-50（a）所示。

（6）捕捉 H 点为起点，向左绘制 10×5 的矩形，并将其分解，结果如图 11-50（a）所示。

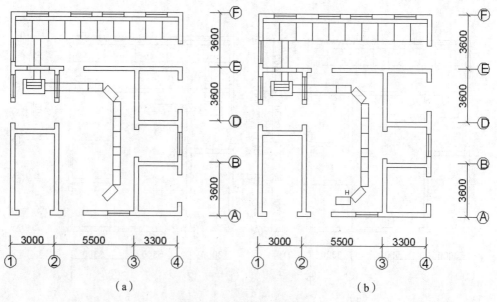

图 11-50　镜像并绘制矩形

（7）捕捉 I 点垂直向下绘制竖线到下墙体。

（8）捕捉 F 点为起点，垂直向上绘制长为 5.3、水平向右绘制长为 28.8、垂直向下绘制长为 90、捕捉到 I 点的线段，结果如图 11-51（a）所示。

（9）设置两条边的倒角均为 10.3，将相应位置的直角修改为倒角，结果如图 11-51（b）所示。

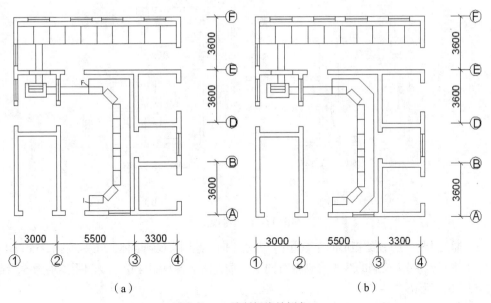

（a） （b）

图 11-51 绘制折线并倒角

（10）选取步骤（8）、（9）所绘相应线段形成的折线，并将其向内偏移两次，偏移量分别为 1、5，再修剪掉多余线段。

（11）选取 J、K、L、M 处的 4 条线段，并分别将其向内侧偏移 1，结果如图 11-52 所示。

（12）将相应线段匹配到"虚线层"，结果如图 11-53 所示。

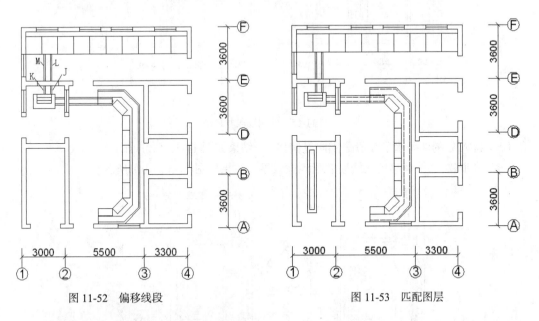

图 11-52 偏移线段 图 11-53 匹配图层

5. 绘制另一组用于其他线路的接线排

（1）以距 N 点（4.5,-3）处为起点，绘制矩形 6×45，结果如图 11-54（a）所示。

（2）以距步骤（1）所绘矩形的左上角点（1.5,-2.6）处为起点，绘制矩形 3×20，结果如图 11-54（b）所示。

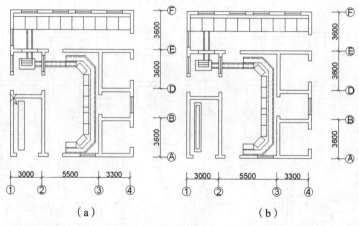

（a）　　　　　　　　　　　　　（b）

图 11-54　绘制矩形

（3）捕捉步骤（1）所绘矩形的左侧边中点并水平向左绘制直线到墙体，结果如图 11-55（a）所示。

（4）将步骤（3）绘制的线段分别垂直向上、垂直向下各复制 4 份，复制距离均为 5，结果如图 11-55（b）所示。

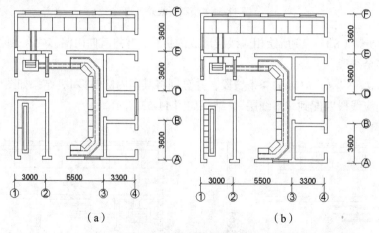

（a）　　　　　　　　　　　　　（b）

图 11-55　绘制线段并复制

（5）将 N 处的两条水平线段分别向里偏移 1，结果如图 11-56（a）所示。

（6）将步骤（5）偏移后的线段匹配到虚线层，结果如图 11-56（b）所示。

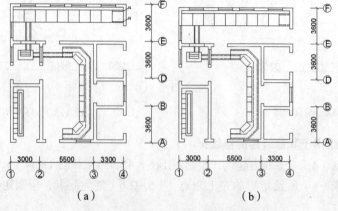

（a）　　　　　　　　　　　　　（b）

图 11-56　绘制线段并匹配到"虚线层"

11.3.2 绘制变压设备

变压设备是指电力的输入线、变压器、输出线等运载电力的设备。下面介绍其具体的绘制方法。

1. 绘制管线

（1）以距 A 点（−2,2.5）处为起点绘制 12 × 1.5 的矩形，结果如图 11-57（a）所示。

（2）垂直向上复制步骤（1）所绘矩形，复制距离为 5.5，结果如图 11-57（b）所示。

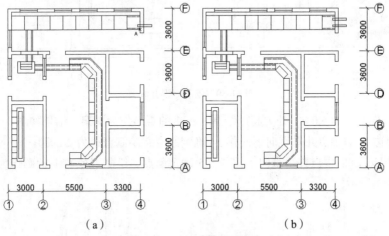

图 11-57 绘制矩形并复制

2. 绘制变压器及出入线的接线排

（1）以 B 点水平向右偏移 8.5 为起点，绘制 10 × 8 的矩形，结果如图 11-58（a）所示。

为了看图更方便，此处及后续的图形只截取了图形的一部分。

（2）以距步骤（1）所绘矩形左上角点（1,−1）处为起点，绘制 8 × 7 的矩形，结果如图 11-58（b）所示。

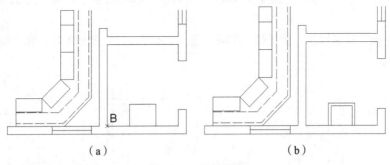

图 11-58 绘制矩形

（3）捕捉 C 点并垂直向上偏移 4 确定起点，绘制 10 × 5 的矩形。

（4）以距 C 点（3,1）处为起点，绘制 4 × 11 的矩形。

（5）捕捉步骤（3）所绘矩形的右上角顶点并垂直向下偏移 1 确定起点，绘制 1 × 3 的矩形。

（6）以距步骤（3）所绘矩形右上角顶点（1,1.5）处为起点，绘制 2 × 8 的矩形，结果如图 11-59

（a）所示。

（7）修剪图形，结果如图 11-59（b）所示。

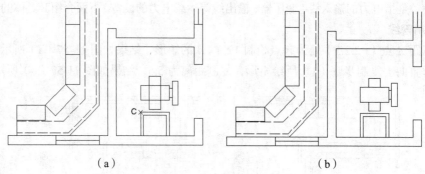

（a）　　　　　　　　　　　（b）

图 11-59　绘制矩形并修剪

（8）以距 D 点（-8.6,0.9）处为起点绘制 3×11 的矩形作为支架，结果如图 11-60（a）所示。

（9）捕捉边 L_1 的中点并垂直向下偏移 14 确定起点，绘制直径为 2 的圆。

（10）捕捉边 L_1 的中点并垂直向下偏移 9.5 确定起点，绘制直径为 1 的圆作为接线柱，结果如图 11-60（b）所示。

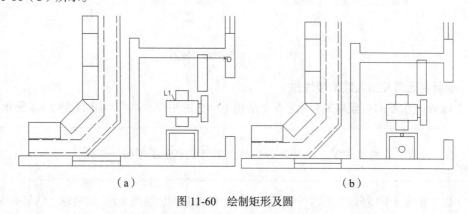

（a）　　　　　　　　　　　（b）

图 11-60　绘制矩形及圆

（11）分别水平向左和水平向右复制步骤（10）所绘的接线柱，复制距离均为 3，结果如图 11-61（a）所示。

（12）垂直向上复制这 3 个接线柱，使圆的上、下象限点与矩形的顶边、底边相切，结果如图 11-61（b）所示。

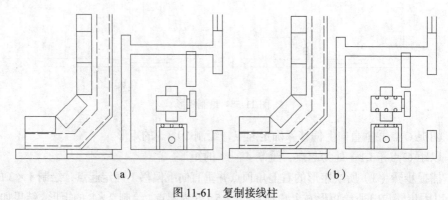

（a）　　　　　　　　　　　（b）

图 11-61　复制接线柱

（13）复制一个接线柱到支架的适当位置，结果如图 11-62（a）所示。

（14）取适当阵列总间距，将支架内的接线柱阵列成 4 行 1 列，结果如图 11-62（b）所示。

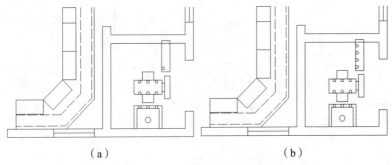

（a）　　　　　　　　　　　　（b）

图 11-62　复制接线柱并阵列

（15）把支架连同接线柱向左复制两份，复制距离分别为 13 和 27.9，结果如图 11-63（a）所示。

（16）将最左侧支架的右侧边水平向右拉长 4.6，结果如图 11-63（b）所示。

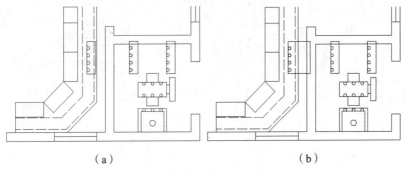

（a）　　　　　　　　　　　　（b）

图 11-63　复制并拉伸支架

（17）捕捉 E 点并垂直向下偏移 0.5 为起点，绘制 8.8×10 的矩形，结果如图 11-64 所示。

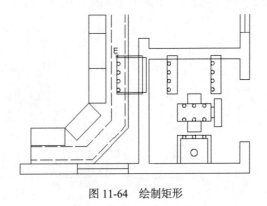

图 11-64　绘制矩形

3．连接变压主线路

（1）捕捉相应各圆圆心并绘制连接线，即为变压器进线，结果如图 11-65（a）所示。

（2）把图 11-65（a）中的接线柱 R 向左边移动 1，再以 L_1 的中线为镜像线，镜像移动后的接

线柱 R，并保留源对象，结果如图 11-65（b）所示。

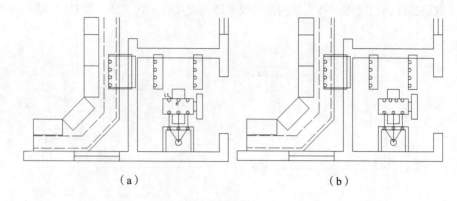

（a）　　　　　　　　　　　　（b）

图 11-65　移动并镜像接线柱 R 等

（3）捕捉相应各圆圆心并绘制连接线，即为变压器出线，结果如图 11-66（a）所示。

（4）捕捉相应接线柱圆心并垂直向上绘制其他变压器出线，结果如图 11-66（b）所示。

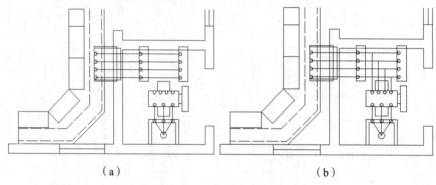

（a）　　　　　　　　　　　　（b）

图 11-66　绘制变压器出线

（5）把通过最左边的 4 个接线柱的线段延伸到最近的控制台上，结果如图 11-67（a）所示。

（6）将步骤（5）所绘延长线按从上到下的顺序分别拉长 0、1、2、3，结果如图 11-67（b）所示。

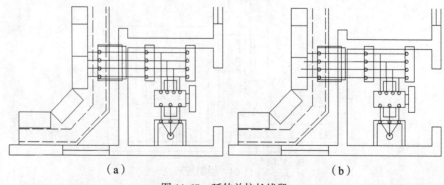

（a）　　　　　　　　　　　　（b）

图 11-67　延伸并拉长线段

4．绘制位于另一房间的另一组变压器、接线排及其出入线

（1）以基线 D 和基线 B 中间墙体的水平中线为镜像线，镜像 11-67（b）中的变压器、接线排及出入线到另一个房间并保留源对象,结果如图 11-68(a)所示。

(2)把图 11-68(a)所示矩形框选定的图形向上复制到上边变压器所在房间的墙线上,结果如图 11-68(b)所示。

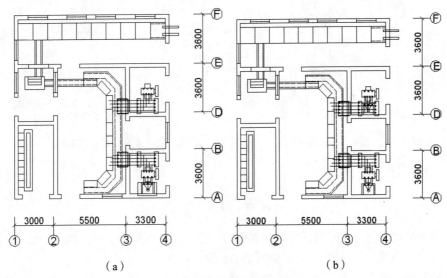

(a)   (b)

图 11-68 镜像对象并复制

(3)绘制其他导线并局部放大显示,结果如图 11-69 所示。

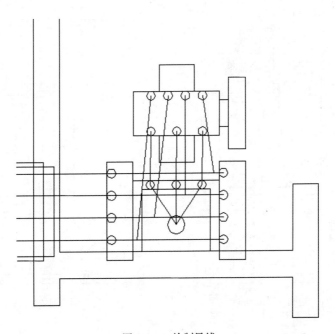

图 11-69 绘制导线

(4)把竖直线段 L_2 向右复制两次,复制距离分别为 2、4,结果如图 11-70(a)所示。

(5)延伸步骤(4)复制后的两竖线至图 11-70(b)所示的位置。

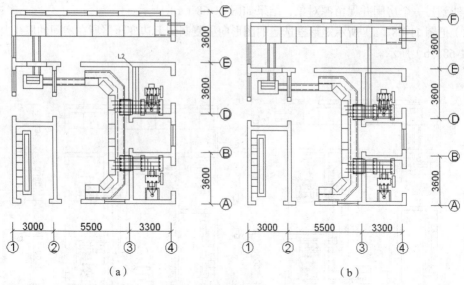

图 11-70　复制线段并延伸

（6）分别捕捉直径为 2 的两圆圆心并水平向左绘制长度均为 11.5 的线段 L_5、L_6，然后延伸线段 L_3、L_4 分别至线段 L_5、L_6 上，结果如图 11-71 所示。

（7）启动倒角命令，将 L_3 与 L_5 相交的直角修改为圆角，圆角半径为 1；将 L_4 与 L_6 相交的直角修改为圆角，圆角半径为 3，结果如图 11-72 图所示。

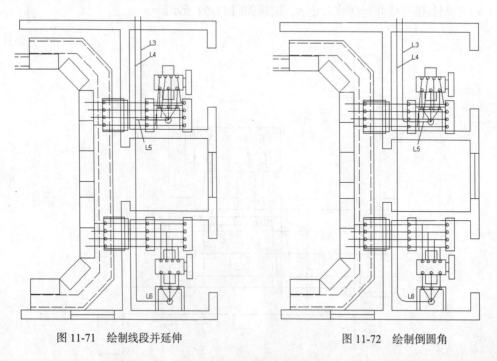

图 11-71　绘制线段并延伸　　　　　　图 11-72　绘制倒圆角

11.3.3　标注文字及尺寸

（1）单击【常用】选项卡中【注释】面板上的 按钮，弹出【标注样式管理器】对话框，如图 11-73 所示。

（2）单击 [修改(M)...] 按钮，弹出【修改标注样式】对话框，进入【符号与箭头】选项卡，设置【箭头】分组框中的各选项为【建筑标记】，【箭头大小】栏中的数值修改为"2.5"，如图 11-74 所示。

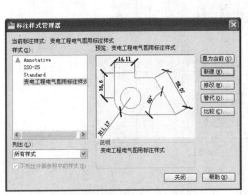

图 11-73　【标注样式管理器】对话框

图 11-74　【修改标注样式】对话框

（3）进入【主单位】选项卡，在【比例因子】栏中输入"100"，如图 11-75 所示。最后单击 [确定] 按钮，完成修改，然后关闭【标注样式管理器】对话框。

（4）设置文字高度为 4，在图中的适当位置填写各个房间的文字代号、房间内电气设备的编号，结果如图 11-76 所示。

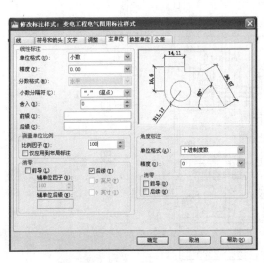

图 11-75　【主单位】选项卡

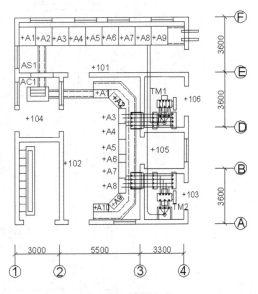

图 11-76　填写文字

（5）调用线性标注命令，分别标注设备边缘到墙线的距离、过道的宽度、变压器到门边的距离、变压器接线排之间的距离及到墙边的距离、控制台到墙边的距离、下边的变压器到基线 4 的距离，结果如图 11-77 所示。

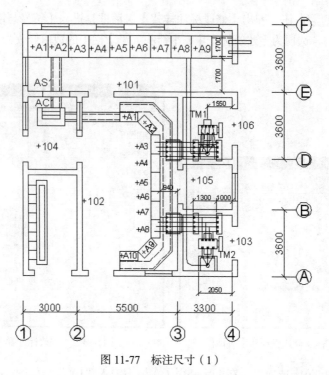

图 11-77 标注尺寸（1）

（6）调用线性标注命令，分别标注控制台上某重要尺寸、线路转换台的尺寸及其到墙线的距离、控制线管到墙线的距离，并把引出线匹配到细实线层，结果如图 11-78 所示。

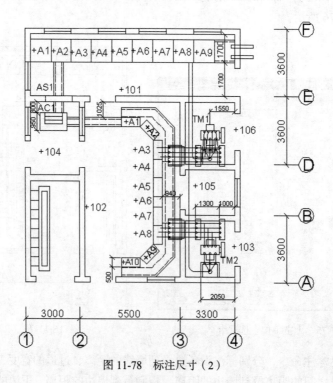

图 11-78 标注尺寸（2）

小　　结

本章以变电工程中常见的电气主接线图和电气平面图为例，详细讲解了如何综合运用 CAD 的绘制与编辑命令实现对变电工程电气图的绘制。通过本章学习，读者应掌握变电工程电气图的绘制思路与方法，并对 AutoCAD 2010 在电气绘图中的强大功能具有更深的体会。

习　　题

1. 绘制变电所电气设备平面布置图，如图 11-79 所示。

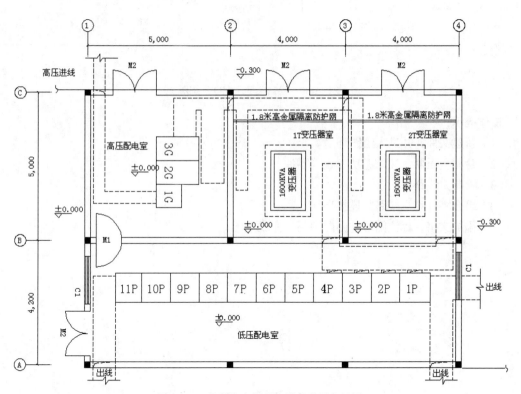

图 11-79　绘制变电所电气设备平面布置图

操作提示：

（1）新建文件，并进入绘图环境。

（2）设置多线样式，并用多线命令绘制基础墙体。

（3）用圆弧命令绘制门。

（4）填充基点。

（5）绘制变压器、电容柜等设备。

（6）绘制导线走向。

（7）添加文字，标注图形并匹配图层，完成全图。

2. 绘制某低压配电系统图，如图 11-80 所示。

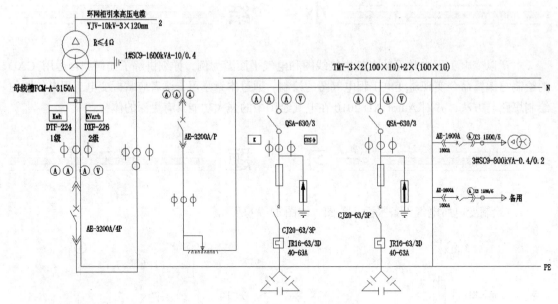

图 11-80　绘制某低压配电系统图

操作提示：

（1）新建文件，并进入绘图环境。

（2）绘制变压器、接地、功率表等零件。

（3）绘制主线路。

（4）组合零件到主线路并连接导线。

（5）添加文字，标注图形并匹配图层，完成全图。

［1］电气简图用图形符号 GB/T 4728.1—2005

［2］电气工程 CAD 制图规则 GB/T 18135-2008. 北京：中国标准出版社，2009

［3］翟义勇. 建筑设备电气控制电路设计图解. 北京：机械工业出版社，2008

［4］曹爱文. AutoCAD2008 中文版自学手册——电气设计篇. 北京：人民邮电出版社，2008

［5］胡仁喜. Autodesk AutoCAD2010 中文版电气制图标准实训教材. 北京：人民邮电出版社，2010

［6］江洪. AutoCAD2008 电气设计经典实例解析. 北京：机械工业出版社，2008

［7］杨德星. AutoCAD2008 电气设计完全自学手册. 北京：机械工业出版社，2008

［8］胡仁喜. 精通 AutoCAD2011 中文版电气设计. 北京：化学工业出版社，2011

［9］李天友. 配电技术. 北京：中国电力出版社，2008

［10］卢燕. 矿井提升电力拖动与控制. 北京：冶金工业出版社，2001

［11］唐志平. 供配电技术. 北京：电子工业出版社，2010

［12］李中年. 控制电器及应用. 北京：清华大学出版社，2008

［13］李玉云. 建筑设备自动化. 北京：机械工业出版社，2011

［14］秦兆海. 智能楼宇技术设计与施工. 北京：清华大学出版社/北方交通大学出版社，2003

［15］王佳. 建筑电气 CAD. 北京：中国电力出版社，2011

［16］刘国亭. 电力工程 CAD. 北京：中国水利水电出版社，2006

［17］李玉云. 建筑设备自动化. 北京：机械工业出版社，2011

［18］杜明芳. 智能建筑系统集成. 北京：中国建筑工业出版社，2009

［19］方勇耕. 发电厂动力部分. 北京：中国水利水电出版社，2010

［20］杨月英. 中文版 AutoCAD2008 机械绘图. 北京：机械工业出版社，2010

［21］姜勇. AutoCAD2010 中文版机械制图基础教程. 北京：机械工业出版社，2010

［22］马永志. AutoCAD2008 建筑制图实例精解. 北京：人民邮电出版社，2009

［23］段春丽. 建筑电气. 北京：机械工业出版社，2010

［24］朱学莉. 智能建筑网络通信系统. 北京：中国电力出版社，2010

［25］孙萍. 建筑智能安全系统. 北京：机械工业出版社，2010

［26］胡仁喜. AutoCAD2008 中文版电气设计及实例教程. 北京：化学工业出版社，2008

［27］黄玮. 电气 CAD 实用教程. 北京：人民邮电出版社，2010

［28］鲁远栋. 机床电气控制技术. 北京：电子工业出版社，2008

［29］华成英. 模拟电子技术基础. 北京：高等教育版社，2008

［30］邱关源. 电路. 北京：高等教育版社，2008

［31］阎石. 数字电子技术. 北京：高等教育版社，2008

［32］刘增良. 电气工程 CAD. 北京：中国水利水电出版社，2005

［33］舒飞. Autocad2005 电气设计. 北京：机械工业出版社，2005

［34］杨光臣：建筑电气工程图识读与绘制. 北京：中国建筑工业出版社. 1995

［35］阎石：数字电子技术. 北京：高等教育版社，2008

［36］刘宝贵：发电厂变电所电气部分. 北京：中国电力出版社，2008

［37］筑龙网 http://www.zhulong.com/

［38］网易土木在线 http://dq.co188.com/